DEUTSCHE AKADEMIE DER WISSENSCHAFTEN ZU BERLIN

Veröffentlichungen der Sternwarte in Sonneberg

Band 5 · Heft 1

WOLFGANG WENZEL

Einige Eigenschaften der unregelmäßig veränderlichen Sterne geringer Leuchtkraft

Akademie-Verlag · Berlin 1961

Wolfgang Wenzel

Einige Eigenschaften der unregelmäßig veränderlichen Sterne geringer Leuchtkraft

Veröffentlichungen der Sternwarte in Sonneberg · Band 5 Heft 1

DEUTSCHE AKADEMIE DER WISSENSCHAFTEN ZU BERLIN

Veröffentlichungen der Sternwarte in Sonneberg

Band 5 · Heft 1

WOLFGANG WENZEL

Einige Eigenschaften der unregelmäßig veränderlichen Sterne geringer Leuchtkraft

Mit 11 Abbildungen und 41 Tabellen

Akademie-Verlag · Berlin 1961

Erschienen im Akademie-Verlag GmbH, Berlin W 8, Leipziger Straße 3—4

Lizenz-Nr: 202 · 100/494/61
Gesamtherstellung: VEB Druckerei „Thomas Müntzer" Bad Langensalza
Bestellnummer: 2006/V/1
Preis: DM 12,—
Printed in Germany
ES 18 D 4

INHALT

A. EINLEITUNG

Die systematische Untersuchung der unregelmäßig veränderlichen Sterne mit geringer absoluter Helligkeit, also derjenigen Objekte, die im Hertzsprung-Russell-Diagramm nahe der Hauptreihe liegen (oft kurz „Hauptreihenveränderliche" genannt), hat erst vor weniger als 20 Jahren begonnen. In einer Zeit, in der auf der einen Seite für die δ-Cephei-Sterne durch EDDINGTON die Pulsationstheorie in ihren Grundzügen schon ausgearbeitet war, bestand für die Konstituierung einer Gruppe „Hauptreihenveränderlicher" nicht der geringste Anlaß. Man nahm vielmehr an, „daß alle Veränderlichen (wir sehen, wie immer, von den Bedeckungsveränderlichen ab) Riesensterne sind, vielleicht mit Ausnahme einiger μ-Cephei-Sterne und der Veränderlichen im Orion-Nebel" (LUDENDORFF [1]). Der zitierte Satz läßt vor allem erkennen, daß die sogenannten „Veränderlichen im Orion-Nebel" seinerzeit gewissermaßen als Außenseiter zu gelten hatten, die sich offenbar nicht in das allgemeine Schema der veränderlichen Riesensterne einfügten. Im übrigen gilt es zunächst zu bedenken, daß die vermeintliche „Ausnahme einiger μ-Cephei-Sterne" sich nur auf einen Fall bezog, nämlich den Stern SZ UMa, den wir in Wirklichkeit wahrscheinlich als unveränderlich anzusehen haben, und daß gegenwärtig die μ-Cephei-Sterne als eine Form der roten unregelmäßig veränderlichen Überriesen-Sterne erkannt sind. Die „Veränderlichen im Orion-Nebel" aber sind heute als typische Vertreter in die Gruppe der Hauptreihenveränderlichen eingereiht.

Die Zahl der unregelmäßig veränderlichen Sterne geringer Leuchtkraft ist beträchtlich. Man muß bedenken, daß sie wegen ihrer niedrigen absoluten Helligkeit nur in einem verhältnismäßig kleinen Raum um die Sonne beobachtet werden können, im Gegensatz zu den als Pulsationsveränderliche bezeichneten Sternen vom Typus δ Cephei, RR Lyrae, Mira Ceti, μ Cephei usw., die Riesen- oder sogar Überriesencharakter besitzen.

Im Generalkatalog veränderlicher Sterne (GCVS) 1948 [2] und den ersten acht Ergänzungen [3] sind etwa 9600 veränderliche Riesensterne verzeichnet. An irregulär veränderlichen Sternen geringer Leuchtkraft waren bis Ende 1957 nahezu 800 bekannt, eingeschlossen diejenigen Objekte, für die eine photometrische Untersuchung noch aussteht, die aber nach Ausweis spektraler Beobachtungen zweifellos dazu gehören. Nehmen wir für die ersteren $M_{pg}(\mathrm{R.}) = -1$, für die letzteren $M_{pg}(\mathrm{Z.}) = +6$ als rohe Werte an und setzen wir voraus, daß wir für beide Typen die gleiche scheinbare mittlere Grenzgröße bezüglich Aufsuchung und Bearbeitung und die gleiche Entdeckungswahrscheinlichkeit annehmen können, so erhalten wir als Verhältnis der erfaßten Volumina

$$\frac{V\ (\mathrm{Riesen})}{V\ (\mathrm{Zwerge})} = \left\{\frac{10^{0.2[\overline{m}_{pg}(\mathrm{Gr.}) - M_{pg}(\mathrm{R.})] + 1}}{10^{0.2[\overline{m}_{pg}(\mathrm{Gr.}) - M_{pg}(\mathrm{Z.})] + 1}}\right\}^3 = 10^{0.6[M_{pg}(\mathrm{Z.}) - M_{pg}(\mathrm{R.})]} = 10^{4.2}.$$

In einem vorgegebenen Raumteil kommen also in Sonnenumgebung auf einen pulsierenden Riesenstern nach gegenwärtiger Kenntnis etwa

$$10^{4.2} \cdot \frac{800}{9600} = 1300$$

unregelmäßige Veränderliche geringer Leuchtkraft.

Das rasche Ansteigen der Zahl bekannter Hauptreihenveränderlicher geht auf zwei grundverschiedene Methoden der Aufsuchung zurück. Die Zuordnung kann nämlich, wie wir sehen werden, im Prinzip entweder nach der Form der Lichtkurve oder nach spektroskopischen Kriterien (etwa der Anwesenheit von Emissionen niederer Anregung) geschehen. Nach dem ersteren Kriterium wurden vor allem an der Sternwarte Sonneberg, nach dem zweiten an den Instituten Lick, Mt. Wilson und Tonanzintla Objekte der fraglichen Art ermittelt. Verschiedene Umstände bewirken dabei, daß der Spektroskopiker die Änderungen des Gesamtlichts eines Sternes im allgemeinen nur unzureichend beachtet und daß dem photometrierenden Beobachter seinerseits zunächst nur in ganz wenigen Fällen spektroskopische Feststellungen verfügbar sind.

Das Hauptziel der vorliegenden Arbeit soll daher die Zusammenführung der beiden Beobachtungsrichtungen sein. Sie soll speziell zur Klärung der Stellung beitragen, die die irregulär veränderlichen Sterne geringer Leuchtkraft im gegenwärtig von Astronomie und Astrophysik entworfenen Gesamtbild der Gestirne innehaben.

B. HAUPTTEIL

I. Die Bezeichnungen

In der Einleitung ist der Begriff „unregelmäßig veränderlicher Stern geringer Leuchtkraft" bereits benutzt, aber nur ungenau definiert worden. Wir werden sehen, daß zur Umschreibung derjenigen Sterne, die hier behandelt werden sollen, gewisse Einschränkungen der im Grunde genommen für sich selbst sprechenden Definition gemacht werden müssen.

Zunächst sollen aber diejenigen Bezeichnungen erwähnt werden, die jeweils für einen bestimmten mehr oder weniger fest umrissenen Bruchteil der hier in Frage kommenden Sterne benutzt wurden oder noch werden. Die verschiedenen Bezeichnungen ergaben sich im wesentlichen aus den verschiedenen Gesichtspunkten, unter denen eine Ordnung gewisser Arten unregelmäßig veränderlicher Sterne versucht wurde. Die historische Reihenfolge, die näheren Umstände der Einführung all dieser Definitionen und ihr genauer Inhalt soll dabei nicht besprochen werden.

Die folgende Zusammenstellung gibt Aufschluß über die Bezeichnung (erste Spalte) und das zugehörige Klassifikationsprinzip (zweite Spalte). Sie vermittelt einen ersten Einblick in die Vielfalt der hier in Erscheinung tretenden Phänomene und Beobachtungsunterlagen:

RW-Aurigae-Typus = RR-Tauri-Typus	Lichtwechsel (rasch und unperiodisch, Amplitude über 2^m bis 4^m)
Nebel-Veränderliche = Orion-Typus	Lage (in galaktischem Nebel) und Lichtwechsel (unperiodisch) (T Ori)
T-Tauri-Art (ursprünglich)	Spektrum (mittlerer bis später Spektraltypus mit Emissionslinien niederer Anregung)
XX-Ophiuchi-Art	Lichtkurve (helles Normallicht mit unperiodischen Einsenkungen von etwa 1^m bis 2^m Amplitude) (SV Cep) Spektrum (früher Spektraltyp mit H_α-Emission u. ä.) (X Per Bonne)
Nova-ähnliche Sterne	Lichtwechsel (auffällige Erhellungen ohne U-Geminorum-Charakter) (UZ Tau) Spektrum (Beq-Spektren) (Z CMa)
Erweiterter RW-Aurigae-Typus	Lichtwechsel (rasch und unperiodisch auch bei kleiner Amplitude)
Unregelmäßige Variable geringer Leuchtkraft	Leuchtkraft (IV bis V) und Lichtwechsel (siehe unten)

Diese Zusammenstellung erfordert zwei wesentliche Erläuterungen.

Erstens: Sowohl die Gruppe der XX-Ophiuchi-artigen als auch die der Nova-ähnlichen Sterne besteht aus völlig uneinheitlichen Objekten, da die Einordnung von Sternen nach Klassifikationsprinzipien geschehen ist, die einander nicht äquivalent sind. So enthält die erste Gruppe derartig verschiedene Sterne wie SV Cep und X Per, nur weil der Prototyp XX Oph im Lichtwechsel ein wenig dem erstgenannten, im Spektrum ein wenig dem zweitgenannten Stern ähnelt. Nicht anders liegen die Verhältnisse bei den als Nova-ähnlich bezeichneten Objekten (man vergleiche etwa die in der Übersicht genannten Sterne UZ Tau und Z CMa).

Die zweite Bemerkung betrifft die endgültige Definition der Gruppe derjenigen Sterne, die in vorliegender Arbeit behandelt werden sollen und die wir als „unregelmäßige Veränderliche geringer Leuchtkraft“ bezeichnen. Wie schon oben angedeutet, ist der Begriff „unregelmäßig veränderlich“ streng genommen zu umfassend, besonders dann, wenn wir an dem zwar kurzen, aber nicht ganz präzisen Ausdruck „geringe Leuchtkraft“ festhalten wollen. Es muß klar festgestellt werden, daß wir die typischen U-Geminorum-Sterne, die typischen Novae, die wiederkehrenden Novae und die langsam veränderlichen weißen Unperiodischen (Z CMa, γ Cas und andere) hier nicht mit einschließen wollen. Was speziell die ersten drei Arten anbelangt, so besitzen sie nach heutiger Kenntnis eine abweichende Leuchtkraft: sie sind im Normallicht zweifellos schwächer als Hauptreihensterne, d. h. eine Form der Unterzwerge. Auch unsere Leuchtkraftforderung, die die Leuchtkraftklassen IV und V vorschreibt, würde also durch diese Sterne verletzt werden.

Zusammengefaßt: Unter „unregelmäßig veränderlichen Sternen geringer Leuchtkraft“ (kurz: „Hauptreihenveränderliche“) verstehen wir Sterne der Leuchtkraftklassen IV und V mit irregulärem Lichtwechsel, ausgenommen U-Geminorum-Sterne, Novae, Novulae und langsam veränderliche weiße Unperiodische.

Es versteht sich von selbst, daß die periodischen Sterne verhältnismäßig geringer Leuchtkraft vom Typus β Cephei, δ Scuti und SX Phoenicis durch die Forderung nach unregelmäßigem Lichtwechsel automatisch außer Betracht bleiben.

Wenn wir nunmehr die Beziehungen der in obiger Zusammenstellung aufgeführten Gruppen untereinander untersuchen, kommen wir zu den in der folgenden Tabelle gegebenen recht verwirrenden Ergebnissen.

Die Gruppe ↓	setzt sich zusammen aus Veränderlichen der Art							
	RR Tau	Orion	T Tau	XX Oph	Nova-s	RW Aur (erweit.)	Flacker-sterne	Sonst.
„Hauptreihen-veränderliche“	+	+	+	+	+	+	+	o
RR Tau	—	+	+	o	+	+	o	+
Orionveränd.	+	—	+	o	+	+	o	o
T Tau	+	+	—	o	+	+	o	o
XX Oph	o	o	o	—	o	+	o	+
Nova-ähnlich	+	+	+	o	—	+	o	+
RW Aur (erweit.)	+	+	+	+	+	—	o	+

(Ein Kreuz + bedeutet: positiver Zusammenhang, eine Null: keine gemeinsamen Sterne)

Folgende Bemerkungen sind dazu am Platze:

Man könnte zunächst annehmen, daß die T-Tauri-Sterne mit den Veränderlichen vom Orion-Typus identisch sind. Das ist aber keineswegs in Allgemeinheit der Fall. Denn die Tabelle sagt nicht aus, daß die in den Gruppen „Orionveränderliche“ einerseits und „T-Tauri-Veränderliche“ andererseits vorhandenen Sterne (beispielsweise des

Typus RR Tauri) dieselben sind. Die in vier Gruppen enthaltenen „sonstigen" Objekte (letzte Spalte) sind entweder Sterne, die man heute zwanglos in andere Kategorien einordnen kann, oder aber solche, die nach Abscheidung der „Hauptreihenveränderlichen" zurückbleiben und dadurch gegebenenfalls zu einer neuen Gruppe zusammenschmelzen.

Der von Hoffmeister [5] im Jahre 1949 photometrisch definierte erweiterte RW-Aurigae-Typus deckt sich bis auf einige Ausnahmen, die meist durch Hinzuziehung spektraler Kriterien entstanden sind, im wesentlichen mit unserem Begriff der „Hauptreihenveränderlichen"; wir werden daher für diesen auch gelegentlich den Ausdruck „RW-Aurigae-Sterne" verwenden. Es galt, durch neue Beobachtungen diejenigen Objekte unter den klassifizierten Sternen des erweiterten RW-Aurigae-Typus aufzufinden, die nicht den Leuchtkraftklassen IV oder V angehörten: Sterne mit Riesen- oder Überriesen-Kriterien wurden nur unter ganz speziellen Umständen zu den „Hauptreihenveränderlichen" hinzugenommen. Auf solche Objekte wird im Abschnitt IVb) näher eingegangen werden.

Eine gewisse Sonderstellung nehmen die Flackersterne ein. Daß sie in keiner der früher definierten Gruppen enthalten sind, erklärt sich leicht aus der Tatsache, daß der erste Flackerstern, der genauer untersucht wurde (UV Ceti), erst Ende 1948 entdeckt worden ist. Da diese Sterne ziemlich fest umrissene Merkmale haben, bestand zunächst keine Veranlassung, sie in eine der bestehenden Gruppen aufzunehmen.

II. Das Sternmaterial

a) Gesamtmaterial

Den in dieser Arbeit mitgeteilten Untersuchungen wurden alle Sterne zugrunde gelegt, die in einer bis zum 1. 9. 1957 dem Verfasser bekannt gewordenen Literaturstelle einer der oben genannten Gruppen von Veränderlichen zugeordnet worden sind oder die sich nach unveröffentlichten Beobachtungen des Verfassers als zugehörig erwiesen. Eine Ausnahme bilden lediglich die Nova-ähnlichen Objekte: von ihnen wurden nur diejenigen aufgenommen, die ohne nähere Untersuchung als RW-Aurigae-Sterne zu bezeichnen waren. Es wurden also nicht sämtliche als Nova-ähnlich klassifizierten Objekte erneuten Beobachtungen unterworfen, wie dies z. B. mit den XX-Ophiuchi-Sternen soweit als möglich geschehen ist.

Auch unter den in der Literatur als „unregelmäßig" (ohne weiteren Zusatz) geführten Sternen und ebenso unter den U-Geminorum-Sternen (besonders den Unterabteilungen CN Orionis und Z Camelopardalis) werden sich noch eine Anzahl Hauptreihenveränderlicher befinden. Es ist geplant, mit Hilfe des 7°-Prismas am 50/70/172 cm-Schmidtspiegel der Sternwarte Sonneberg aus den erstgenannten Sternen, soweit sie im Verlaufe der Arbeiten des Sonneberger Felderplans [6] entdeckt und untersucht worden sind, wenigstens die typischen roten halb- und unperiodischen Objekte abzusondern und den Rest nach RW-Aurigae-Sternen abzusuchen. Auch Infrarot-Aufnahmen werden dazu verhelfen.

Bei der Sichtung des Sternmaterials wurden nach dem oben Gesagten die folgenden vier Quellen erschöpfend benutzt:

1. GCVS 1948 [2] und seine acht ersten Ergänzungen [3].
2. Die von Hoffmeister in seinem Aufsatz über die RW-Aurigae-Sterne und ihre Nebenformen gegebene Liste [5].

3. Katalog der der Veränderlichkeit verdächtigen Sterne (CSV) [7].
4. Unbenannte, in 1. bis 3. nicht vorkommende Sterne der Literatur bis 1. 9. 1957.

Dazu kommen

5. unveröffentlichte Untersuchungen des Verfassers und in einzelnen Fällen Literaturstellen aus der Zeit nach dem angegebenen Stichtag.

Unter Punkt 4 sind in der Hauptsache einige Hundert bis jetzt bekannte Zwergsterne mit Emissionen niederer Anregung zu suchen, deren Variabilität noch nicht explizit festgestellt, aber ohne Zweifel vorhanden ist. Eine Anzahl dieser Sterne wird in einem speziellen Programm des Sonneberger Schmidtspiegels laufend bearbeitet.

b) Bekannte Spektraltypen und Leuchtkraftklassen

Von einem ziemlich geringen Bruchteil der Sterne, die nach den im Abschnitt IIa) dargelegten Prinzipien ausgesucht wurden, ist neben einer mehr oder weniger sicheren Charakterisierung des Lichtwechsels auch der Spektraltypus oder eine spektroskopisch bestimmte Leuchtkraftklasse bekannt. Dies muß als ein ausgesprochener Mangel angesehen werden, zumal deshalb, weil das Kriterium der Leuchtkraft (Unterriese oder Zwerg) als neues Hauptmerkmal der in Frage stehenden Sterne dienen soll. Es ist klar, daß für viele Untersuchungen nur diejenigen Objekte herangezogen werden können, für die Angaben über Spektrum und absolute Helligkeit veröffentlicht sind beziehungsweise wenigstens genähert aus anderen Daten abgeleitet werden können. Das ist zumindest so lange der Fall, bis eindeutige Zusammenhänge zwischen diesen physikalischen Beobachtungsgrößen und den Eigenheiten des Lichtwechsels endgültig gesichert sind.

In der folgenden Tabelle A sind alle diejenigen Sterne mit bekanntem Spektrum aufgeführt, die nach einer der in Abschnitt IIa) genannten Literaturstellen als hier zu behandelnde Objekte zu bezeichnen sind. Es sind dies in der großen Mehrzahl der Fälle solche Sterne, die den RW-Aurigae-, „Orion“- oder XX-Ophiuchi-Veränderlichen zugeordnet worden waren (gleichgültig, ob wirklich zugehörig oder nicht). Aber auch einige andere Objekte waren aufzunehmen.

Die Sterne sind geordnet nach Spektralklassen. Bei einigen Objekten sind die von verschiedenen Bearbeitern mitgeteilten Klassifikationen nicht in Übereinstimmung, so daß bei Aufstellung der Tabelle eine gewisse Willkür nicht zu umgehen war. Die dadurch hervorgerufenen Auswirkungen auf das von der Tabelle gelieferte Gesamtbild sind aber gering. Im übrigen sind Sterne mit Spektralangaben, die eine Einordnung in die Haupttabelle ganz verboten, im Anschluß an diese gesondert aufgeführt.

Es wurde in keiner Weise versucht, die Helligkeitsangaben auf ein einheitliches System zu bringen oder in anderer Weise zu reduzieren. Sie sind, soweit es sich um Sterne mit Veränderlichen-Bezeichnungen handelt, dem GCVS [2], den acht Ergänzungen [3] und dem CSV [7] entnommen und nur in den wenigen übrigen Fällen den Originalarbeiten (MH_α-Sterne). Im allgemeinen sind die photographischen Helligkeiten gegeben, selten visuelle (v) oder rote (r).

Nicht in die Tabelle eingetragen wurden die UV-Ceti- oder Flacker-Sterne. Zusammenstellungen dieser Objekte finden sich im Abschnitt Vc), soweit ihre Spektraltypen bekannt sind.

Tabelle A

Objekte mit bekanntem Spektrum

Stern	pg. Helligkeit	Spektrum	Bemerkungen
+ HR Car	$8^m.2$— $9^m.6$	Bep, B2eq	„XX Oph" (γ-Cas-artig, [8])
+ EE Cep	11.1—[12.8	B3:n	[8a] Bedeckungsstern ?
Zi 1979 Cep	7.2 v	B5e	konstant ? Zentralstern von NGC 7023
V 530 Cyg	11.9—12.6	B5	[8a]
TY CrA	8.7—12.4v	B2, B9, A	
+ XX Oph	9.1—10.7	Bep	„XX Oph"
+ UY Ori	12.0—13.3	B9	RR-Lyrae-Stern ? [26]
KX Ori	7.1— 8.1	B3	
LP Ori	8.4— 9.3	B1.5 Vp	
NU Ori	7.0— 8.1	B1V, B8	
V 359 Ori	6.9— 8.1	B3	
V 361 Ori	8.2— 9.6	B6V	
V 372 Ori	7.9— 8.6	B9	
MH_α 265—12 Ori	(9.0)	B9e	konstant ?
+ X Per	6.0— 6.6 v	Bonne Opev	„XX Oph" (γ-Cas-artig, [8])
EO Per	12.4—13.3	OBe	
CT Tau	10.4—11.5	B5:n, A0	
MH_α 259—21 Tau	(12.9—13.3)	B3e	konstant ?
AB Aur	7.2— 8.4	A0ep	„XX Oph"; zugehörig [8]
VX Cas	10.7—13.3	A0	
SV Cep	10.1—12.1	A	„XX Oph"; zugehörig [8]
SY Cep	11.2—12.4	A2	„R-CrB-Stern"; zugehörig [8]
R CrA	10.0—13.6	A5e II	Siehe IV bα)
V 517 Cyg	12.6—13.5	A5	
V 519 Cyg	13.0—13.7	A0—A5	
V 852 Oph	14.5—15	A:e	konstant ?
T Ori	9.6—13.5	A3e	
UX Ori	9.2—10.5	A2e	
BF Ori	9.8—13.4	A5eII—III	siehe IV bα)
BN Ori	9.2—12.5 v	A7	
HK Ori	11.4—12.5	A4ep	mit lokalem Nebel
KS Ori	10.2—11.2	A0	
LZ Ori	10.3—11.1	A0:	
MR Ori	10.6—11.9	A2:V	
NV Ori	10.2—11.2	A8, F	
V 346 Ori	10.0—11.7:	A	
V 350 Ori	10.4—12.3	A1	[8a]
V 351 Ori	10.1—11.6	A7 III	siehe IV bα)
V 380 Ori	9.7—10.3 v	dAe	in lokalem Nebel
S 5414 Ori	10.0—11.5	A0	
XY Per	8.9—10.0 v	A2 II + B6	Doppelstern, beide Komp. var; siehe IV bα)
RR Tau	10.2—14.2 v	A2eII—III, G0	siehe IV bα)
+ BZ Vel	9.6—10.6	A0	β-Lyrae-Stern [9]
WW Vul	10.9—12.6	A3e	

Tabelle A (Fortsetzung)

Stern	pg. Helligkeit	Spektrum	Bemerkungen
+ RY Boo	7.0— 7.4 v	F5III—IV	sehr zweifelhaft, siehe IV a)
BE Cas	13.5—14.4	F2	
YZ Cep	12.2—13.3	F8 V	„XX-Oph"; zugehörig [8], [8a]
BH Cep	12.0—12.6	F5	
BO Cep	12.5—13.8	F0—F5	
DR Cep	12.9—15.3	F8	[8a]
T CrA	11.7—13.8 v	F0e	
+ V 395 Cyg	7.9— 8.5 v	F8 Ib	siehe IV a)
+ AQ Dra	12.7—14.7	F0(eα:)	Z-Cam-Stern [11]
+ Z Mic	10.3—12.3	F0—F5	RR-Lyrae-Stern [10]
R Mon	10.2—13.8	Fep	mit lokalem Nebel
RY Ori	10.5—14	F6e	
120.1943 Pup	10 —11	F1V	nur eine Schwächung beob.
AK Sco	8.8—10.0	F5V, G0	
+ BQ Ser	11.0—11.9	F5 III	siehe IV a)
CQ Tau	8.7—10.5	F2	
BM And	12.7—[14.4	F8e, Ge	mit lokalem Nebel
+ V 733 Aql	10.9—11.4	G0 Ib, K0	δ-Cephei-Stern [121]
RW Aur	9.0—12.0 v	dG5e+dM0e	Doppelstern
SU Aur	9.3—10.1 v	G2e III	siehe IV a) und bα)
UY Aur	11.6—14.0	dG5e+dM0:e	Doppelstern
HH Aur	9.3—11.0	G5	
+ DZ CMa	11.2—14.6	G0	nicht sicher zugehörig
+ V 553 Cen	7.8— 8.9	G5p I—III	δ-Cephei-Stern [17]
S CrA	10.8—12.6 v	dGe	Doppelstern
+ V 341 Her	12.0—13.5	G—K	nicht sicher zugehörig
RU Lup	9.7—13.4	dG5e+	
RY Lup	9.9—13.0	G0V:	
GR Mon	14.3—15.7	dG:e	
IO Mon	14.1—15.3	dG5e—dK0e	
IQ Mon	15.3—16.6	dGe	
+ KR Mon	11.7—13.0	dG3	ungenügend untersucht
LL Mon	15.5—17	dGe	
MM Mon	14.5—15.4	dG:e	
YZ Ori	15.1—15.8	Ge—Ke	
AK Ori	12.9—15.0	G(—K)+Neb.	
CY Ori	12.3—13.0	G0V	
EZ Ori	12.3—13.7	GeV	
IX Ori	13.4—15.1	Ge—Ke	
MX Ori	10.2—11.4	G0	(zweifelhaft, [26])
PT Ori	12.1—13.0	G	
RZ Psc	11.8—12.6	G8V	[8a]
T Tau	9.6—13.5 v	dG5e	mit lokalem Nebel
RY Tau	8.8—11.2 v	dG0e	mit lokalem Nebel
UX Tau	10.7—13.4	dG5e + dM2e	Doppelstern
UZ Tau	11.7—14.9	dGe+dMe	dreifach
XZ Tau	11 —14	dG5e:	
CI Tau	13.8—15.2	dGe	

Tabelle A (Fortsetzung)

Stern	pg. Helligkeit	Spektrum	Bemerkungen
DG Tau	11.8—14.9	dGe	mit lokalem Nebel
DL Tau	13.5—14.8	dGe	
DO Tau	13.7—15.5	dGe	
EN Tau	11.7—12.1	Go	[8a]
+ RT TrA	9.4—10.8	G2 I—II	δ-Cephei-Stern [10]
+ 61 UMa	6.1	G5	konstant; Fehl-Zuordnung
+ HK Aql	9.8—11.5	K5 III	siehe IV a)
GM Aur	13.1—13.9	dK5e	
DI Cep	11.9—13.5	dKe	
+ ST Lyn	10.3—12.7	K2 III	siehe IV a) [8a]
SS Mon	13 —15	dKe	
IP Mon	14.2—15.4	dKoe+	
LQ Mon	15 —17.5	dKe	
LR Mon	14.7—15.6	dK:e	
MO Mon	14.2—15.2	dK:e	
V 853 Oph	12.5—14.0	dKe	
TU Ori	13.0—15.2	Ko, Neb.	
TV Ori	13.4—15.6	Ko	
AA Ori	13.8—15.5	Ke:	
AH Ori	12.8—15.1	Ko IV—V	
AN Ori	12.3—13.5	K1e IV—V	
AQ Ori	14.5—15.3	Ko:	
AZ Ori	13.0—15.6	K4 IV—V	
GW Ori	10.8—11.5	dK3e	
GX Ori	14.1—15.2	dK3e	
HI Ori	13.2—15.5	dKoe	
KR Ori	13.5—14.9	Koe:	
V 356 Ori	14.0—14.6	K1e IV—V	
V 383 Ori	15.4—16.8	dK	Nach HARO flash-Stern
V 384 Ori	14.0—15.1 r	dK6e	,, ,, ,, ,,
V 385 Ori	14.1—15.5 r	dK	,, ,, ,, ,,
V 386 Ori	15.9—17.3	dK	,, ,, ,, ,,
V 389 Ori	14.2—16.3	dK6e	,, ,, ,, ,,
V 390 Ori	15.3—17.3	dKe	,, ,, ,, ,,
V 391 Ori	14.4—15.1 r	dK	,, ,, ,, ,,
V 393 Ori	15.9—16.8	dK6:e	,, ,, ,, ,,
MH_α265—3 Ori	(13.0)	dK3e	konstant?
MH_α265—9 Ori	(14.9)	dK4e	konstant?
+ SS Sco	9.4—11	K2	halbregelmäßig
BP Tau	12.3—13.3	dK5e	
CW Tau	13.6—15.6	dK5e	
DD Tau	14.5—15.5	dK6e	
DM Tau	14.5—15.2	dK5e	
DN Tau	13.2—14.0	dK6e	
DR Tau	13.4—14.7	dK5e	
DS Tau	12.3—16	dK4e	
MH_α 257—2 Tau	(13.7)	dK6e	konstant?
MH_α 259—24 Tau	14.4—16.1	dK5e	nach GÖTZ var. [12]

Tabelle A (Fortsetzung)

Stern	pg. Helligkeit	Spektrum	Bemerkungen
+ MS Aql	11.1—11.9	M1	μ-Cep-Stern [13]
+ V 347 Aql	11.5—13.1	M6	nicht sicher zugehörig
+ V 354 Aql	12.5—14.0	Mo	μ-Cep-Stern [12]
+ AD Aur	11.0—13.1	M6.5	halbregelmäßig, P = $162^{\mathrm{d}}.3$ [14]
+ CE Cyg	9.9—10.5	Mo, K2	langsam veränderlich [15]
+ AO Dra	11.0—12.5	M5e	[8a] halbregelmäßig
+ Y Lep	9.6—11.0	M4 III	siehe IV a)
+ DO Mon	13.2—14.4	gM4	siehe IV a)
MH$_\alpha$ 265—5 Ori	(16.5)	dMoe	konstant ?
AA Tau	13.1—16.1	dM1e	
CX Tau	14.5—15.3	dM1.5e	
CY Tau	13.4—15.0	dM2e	
CZ Tau	15.8—17.3	dM3e	
DE Tau	13.8—14.8	dM1e	
DF Tau	11.9—13.8	dMoe	
DH Tau	13.4—14.0	dMoe	
DI Tau	13.4—14.0	dMo.5e	
DK Tau	12.4—14.9	dMoe	
DP Tau	13.7—15.4	dMoe	
DQ Tau	14.0—15.0	dMoe	
EY Tau	15.5—16.5	dM5e:	nach HARO flash-Stern
EZ Tau	15.7—17.4	dM5e:	,, ,, ,, ,,
FF Tau	14.4—15.8	dMo.5	,, ,, ,, ,,
FG Tau	16.4—17.3	dM5:	,, ,, ,, ,,
FH Tau	14.8—15.9	dM4.5e	,, ,, ,, ,,
FI Tau	16.3—17.5	dM5:	,, ,, ,, ,,
FK Tau	17.1—17.8	dM6e:	,, ,, ,, ,,
MH$_\alpha$ 259—23 Tau	15.0—15.6	dM2.5e	nach GÖTZ var. [12]
MH$_\alpha$ 259—16 Tau	(16)	Me	
	Sterne mit	besonderen Spektren:	
+ AE Aqr	10.9—12.5	B + dKoe	merkwürdiger U-Gem-Stern [16]
V 374 Aql	11.9—15.5		Sp.Ne irrtümlich zugeordnet: ist nicht Lee 130 [12]
V 536 Aql	12.6—15.2	dKe	Sp. „T-Tauri-artig" [3]
+ SY Cnc	10.9—13.8		Z-Cam-Stern
+ GG Cas	9.5— 9.9 v	B6 + g:G	Doppelstern, Überlagerungslichtwechsel ?
+ V 553 Cen	7.8— 8.9	G5 pec I—III	δ-Cephei-Stern [17]
VV CrA	13.0—17.0	pec.	„zweifellos T-Tauri-Stern"
V 426 Oph	12.2—13.8	pec., e	T-Tauri-Stern
CO Ori	10.0—13.0 v		dKoe (Kont.), Fe (Metallabsorptionen), gF3e
IU Ori	9.9—10.8		G5 (Kont.), A5 (Henry-Draper-Katalog)
+ V Sge	9.5—13.9 v	Obe	Exnova [18]
+ AG Dra	9.4—11.4	gGe + B	Z-Andromedae-Stern [19]
+ OS Cas	13.7—17.0	S	roter Unregelmäßiger [3]
+ EM Cyg	12.0—14.0	pec.	Exnova [20]

Die „Bemerkungen" geben unter anderem Aufschluß über die reale Zugehörigkeit zur Gruppe der irregulären Hauptreihenveränderlichen. In einigen Fällen ist die bisherige Klassifikation in Anführungsstrichen eingetragen; falls die betreffenden Sterne hier zugehörig sind, ist dies vermerkt, im anderen Fall ist die richtige Zuordnung in Klammern beigeschrieben. Allgemein basieren Typenbezeichnungen ohne Anführungszeichen auf neueren photometrischen Beobachtungen. Die zugehörige Literaturstelle ist im Falle einer derartigen Änderung im allgemeinen ausdrücklich vermerkt. Man kann darüber im Zweifel sein, ob man Sterne wie Z Mic oder MS Aql überhaupt in obige Liste aufnehmen soll, wo doch ihr andersartiger Charakter jetzt zweifelsfrei feststeht. Ich möchte betonen, daß ich es aus einem speziellen Grund dennoch getan habe, nämlich deshalb, um zu zeigen, wie oft eine für sicher gehaltene Klassifikation grundlegend geändert werden mußte, entweder nach genaueren photometrischen Beobachtungen oder auch nur durch Kenntnis eines neubestimmten Spektraltyps und nachfolgende Neureduktion älterer Beobachtungen.

Eine weitere kritische Bemerkung soll nicht unterdrückt werden. Sie betrifft die Auswertung von Beobachtungen, die an roten Sternen auf Platten angestellt werden, welche mit Astrographen routinemäßig aufgenommen wurden. Wechselnde atmosphärische Verhältnisse, vor allem aber Fokusdifferenzen von Exposition zu Exposition können erfahrungsgemäß die Sternbildchen derartig beeinflussen, daß ein Lichtwechsel von mehreren Zehnteln einer Größenklasse vorgetäuscht wird. Folgen die Aufnahmen kurz aufeinander, so erscheint auf diese Weise das Objekt als rasch und unperiodisch veränderlich, wogegen visuelle Beobachtungen gegebenenfalls nur einen langsamen Lichtwechsel erweisen. Typische Beispiele hierfür finden sich unter den M-Sternen obiger Tabelle.

Einige weitere früher fälschlich zugeordnete Sterne werden in den folgenden Abschnitten III und IV besprochen werden.

III. Der Lichtwechsel

Nachdem im vorigen Abschnitt unter allgemeinen Gesichtspunkten eine Übersicht gegeben wurde, müssen nun die Besonderheiten von Lichtwechsel und Spektrum der betrachteten Sterne genauer charakterisiert werden. Photometrisches und spektrales Verhalten sind beide zur Definition verwendet; das erstere soll uns zunächst beschäftigen, das zweite im Abschnitt IV.

a) Formen des Lichtwechsels

Es ist eine merkwürdige Tatsache, daß über den Lichtwechsel des Sterns, der seit dem Jahre 1933 einer Gruppe von Veränderlichen als Prototyp dient, erstaunlich wenig bekannt ist: gemeint ist RW Aur. Zur Beschreibung der Art seiner Variabilität dienen gewöhnlich die Worte „rasch, unperiodisch und große Amplitude", ohne daß bis jetzt die vorliegenden Beobachtungen genügen, auch nur für begrenzte Zeitabschnitte eine zusammenhängende Lichtkurve abzuleiten, obwohl der Stern von vielen Seiten beachtet worden ist [21], [22] und seine günstige Stellung in den langen Winternächten dichte Beobachtungsreihen ermöglichen würde. Tatsächlich ist nicht einmal die Abwesenheit quasiperiodischer Schwankungen hinreichend sicher erwiesen.

Es sollte ein leichtes sein, unter den Beobachtern der Nordhalbkugel einige „RW-Aurigae-Monate“ zu organisieren mit dem Ziel, in der betreffenden Zeit den Stern trotz der Rotation der Erde nicht aus dem Auge zu verlieren. Es sei daran erinnert, daß HOFFMEISTER ein ähnliches Programm für gewisse Veränderliche des Südhimmels bereits 1952/53 durchgeführt hat, und zwar mit bestem Erfolg [17] (siehe unten).

Der Verfasser hat den Stern RW Aur (zusammen mit RR Tau) auf etwa 650 Sonneberger Überwachungsplatten nach der Argelanderschen Methode beobachtet [23]. Es war zwar nicht zu erwarten, daß eine zusammenhängende Lichtkurve im oben geschilderten Sinn dabei erhalten wird, weil hierzu die zeitliche Verteilung von Überwachungsaufnahmen nicht geeignet ist. Jedoch konnte leicht eine zuverlässige Häufigkeitsverteilung der beobachteten Helligkeitswerte abgeleitet werden, da das zugrundeliegende Plattenmaterial ziemlich homogen ist.

Solche Häufigkeitsverteilungen dienen uns dazu, zunächst drei grundsätzlich verschiedene Typen des Lichtwechsels bei Hauptreihenveränderlichen zu unterscheiden:

Grundform a keine wesentliche Bevorzugung einer Helligkeit
b Bevorzugung des hellen Lichtes
d Bevorzugung des schwachen Lichtes.

Eine derartige Einteilung ergibt sich zwangsläufig beim Studium einer Anzahl Lichtkurven beziehungsweise Häufigkeitsverteilungen (Abb. 1).

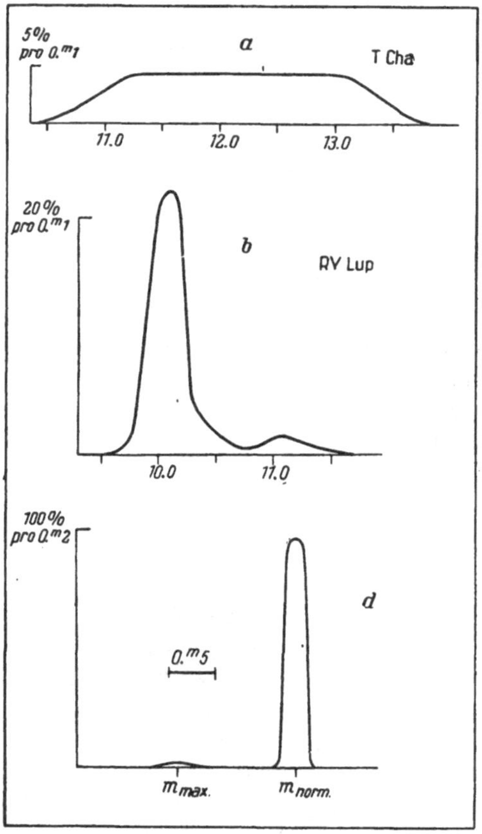

Abb. 1. Häufigkeitsverteilungen der Helligkeitswerte für die drei Hauptformen von Hauptreihenveränderlichen; a und b vereinfacht nach [17].

Diese Grundformen werden nun weiter aufgegliedert, so daß die folgenden sieben Formen zu definieren sind:

a_1 Lichtwechsel rasch, Quasiperiodizität nicht bemerkt, Amplitude $> 1\overset{m}{.}5$ (RW Aur)
a_2 wie oben, aber zum Teil quasiperiodisch (T Cha)
c_1 wie a, aber Amplitude $< 1\overset{m}{.}5$
c_2 Lichtwechsel im wesentlichen nicht rasch, lange Wellen (T Tau) (die Sterne unter c werden im allgemeinen als RW-Aurigae-ähnlich, RWs, bezeichnet)

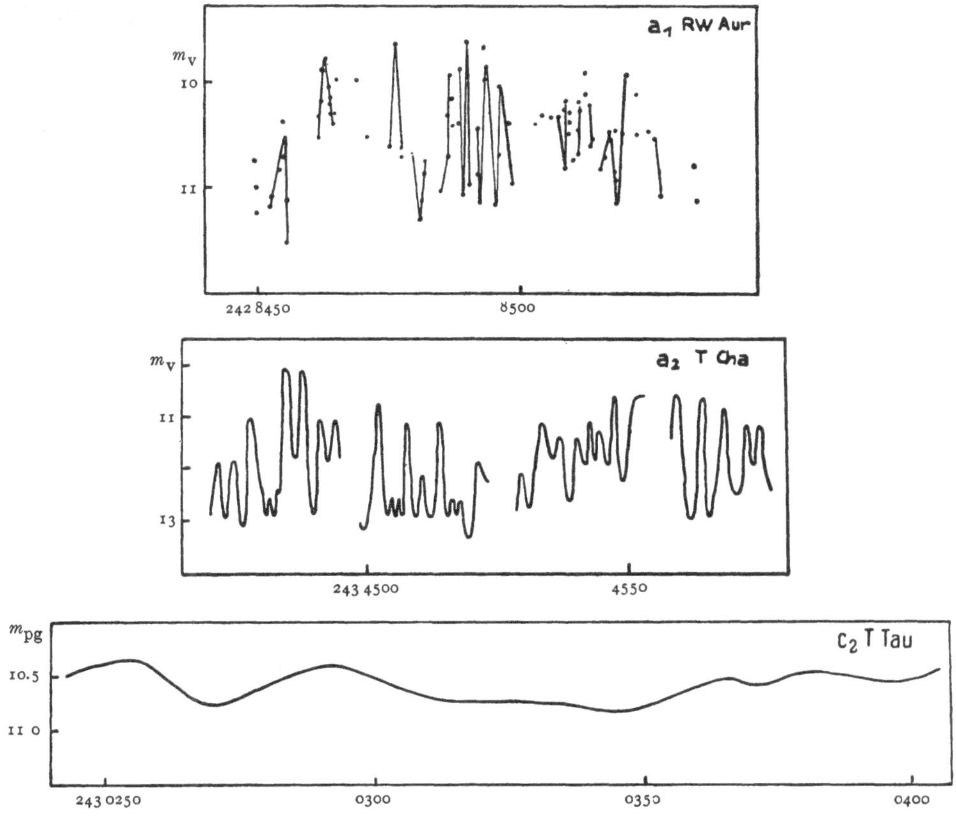

Abb. 2. Typische Lichtkurven der wichtigsten Formen.
Teil 1

b_1 algolähnliche unperiodische Minima, Dauer von der Größenordnung 1^{d} (BO Cep)
b_2 Minima wochenlang, Lichtwechsel nicht sehr rasch (T Ori, SV Cep)
d Flackersterne, vom fast konstanten Minimallicht aus Ausbrüche in einzelnen Emissionslinien (HD 234677) oder im Kontinuum (UV Ceti), Dauer bis 1 Stunde; isolierte Objekte in Sonnennähe (flare-stars) oder gebunden an Assoziationen in Nebeln (flash-stars).

Die Abb. 2 (Seiten 19, 20) zeigt charakteristische Ausschnitte aus Lichtkurven typischer Sterne.

Weitere Klarheit über das photometrische Verhalten der zur Debatte stehenden Sterne werden vor allem lichtelektrische Reihenbeobachtungen bringen, wie sie als

Teilaufgabe des neuen Sonneberger 60-cm-Spiegels geplant sind. Leider sind die größeren existierenden lichtelektrischen Instrumente fast ausschließlich zur Beobachtung von Standardhelligkeiten oder von periodischen Sternen eingesetzt, und für die Untersuchung irregulärer Veränderlicher bleibt wenig Gelegenheit. Immerhin hatte sich auf Anfrage des Verfassers Dr. P. LENOUVEL bereit erklärt, die Sterne T Tau und RW Aur mit dem 60-cm-Spiegel des Observatoire du Pic-du-Midi in zwei Nächten kontinuierlich zu beobachten [28]. Die Ergebnisse vorläufiger Untersuchungen sind

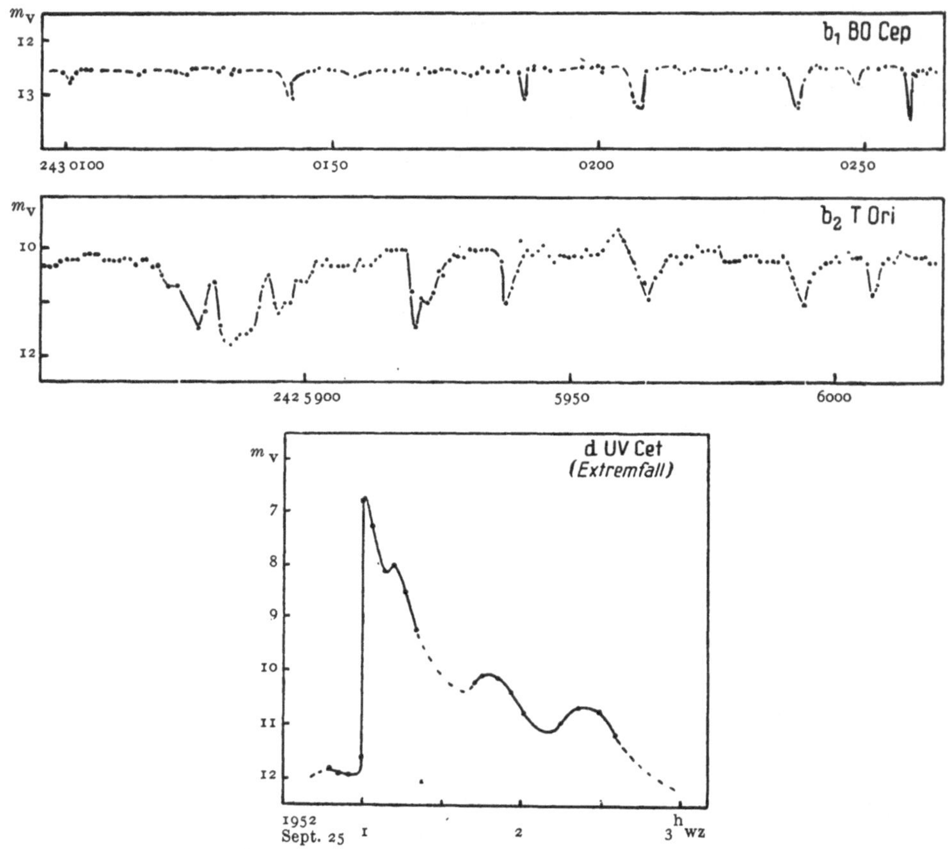

Abb. 2. Typische Lichtkurven der wichtigsten Formen.
Teil 2.

zusammen mit solchen von RR Tau inzwischen veröffentlicht [29]. Das Material umfaßt jeweils ein Werte-Tripel V, B—V und U—B pro Nacht, und zwar 17 für T Tau, 9 für RR Tau und 6 für RW Aur. Es ist nicht uninteressant, daß diese Ergebnisse, so spärlich sie zunächst sind, ihrem Charakter nach völlig mit den photographisch erhaltenen Beobachtungen übereinstimmen [23], [24] (vergleiche Abb. 2 und 3). Wieder wird die Langsamkeit der Lichtschwankungen von T Tau bestätigt, die im Gegensatz zu den von WESTON und ALLER ([30], S. 251) beobachteten oft innerhalb 24 Stunden erfolgenden Änderungen im Absorptions- und Emissionsspektrum steht.

Wir wollen hier auf die verschiedenen Übergangsformen und abnormalen Fälle nicht eingehen und, um das Prinzipielle desto besser hervortreten zu lassen, auch nicht auf die mannigfachen Schwierigkeiten, die immer wieder bei der photometrischen Klassifikation von RW-Aurigae-Sternen und ihren Varianten auftreten, wenn spärliches oder unangemessenes Beobachtungsmaterial vorliegt.

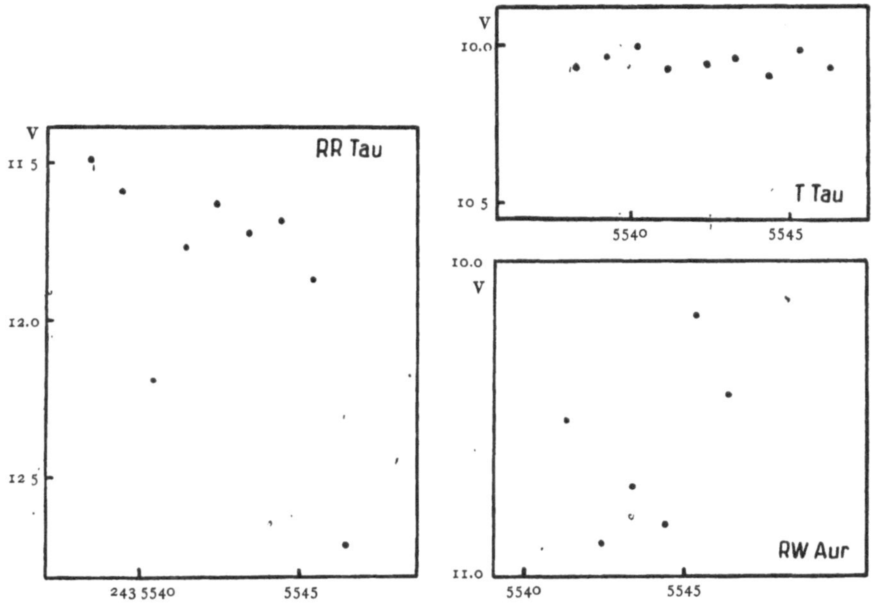

Abb. 3. Photoelektrische Beobachtungen von T Tau, RW Aur und RR Tau nach [29].

Erwähnt sollen nur die früher als RR-Lyrae-ähnlich bezeichneten Sterne RT TrA, V 553 Cen, Z Mic und V 733 Aql werden, die sich als streng periodische Objekte erwiesen [10], [17], [121] und der Veränderliche EM Cyg, den man zunächst zum Prototyp einer Unterart der δ-Cephei-Sterne erhob, später für RW-Aurigae-ähnlich hielt und heute nach einer Untersuchung des Spektrums [20] endlich als Exnova erkannte. Man muß freilich beachten, daß unsere oben definierte Form a_2 ebenfalls periodische Bestandteile der Lichtkurve aufweist, ohne daß man die betreffenden Sterne allerdings δ-Cephei-ähnlich nennen könnte.

b) Nachbarformen

Auf das Problem der phänomenologischen Ähnlichkeit der eben genannten quasiperiodischen T-Chamaeleontis-Sterne mit den Z-Camelopardalis-Sternen, einer bisher als Unterart der U-Geminorum-Veränderlichen betrachteten Gruppe, wird in Abschnitt VII bα) einzugehen sein. Die äußere Verwandtschaft beider Typen wurde besonders auffallend, als der Verfasser in dem Objekt AQ Dra einen Stern entdeckt hatte, der höchstwahrscheinlich als CN-Orionis-Veränderlicher mit der extrem kurzen mittleren Zyklenlänge von $5\overset{d}{.}5$ anzusprechen ist [11]. Interessant ist, daß dieser Stern von anderer Seite als RW-Aurigae-artig verdächtigt wurde [31]. Man vergleiche die in Abb. 4 gegebene Lichtkurve mit derjenigen von T Cha (Abb. 2). Der Charakter ist ähnlich, doch sind die Helligkeitsschwankungen bei T Cha offenbar um so viel „unregelmäßiger", daß eine prinzipiell andere Verteilung der beobachteten Helligkeiten herauskommt als bei dem CN-Orionis-ähnlichen Stern AQ Dra, da die Minimal-

und Maximalhelligkeiten bei T Cha dauernden Änderungen unterworfen sind. Abb. 5 zeigt die für einen CN-Orionis-Stern charakteristische Verteilung bei AQ Dra [11] (man stelle sie derjenigen von T Cha in Abb. 1 gegenüber): Man kann die „Ruhe-

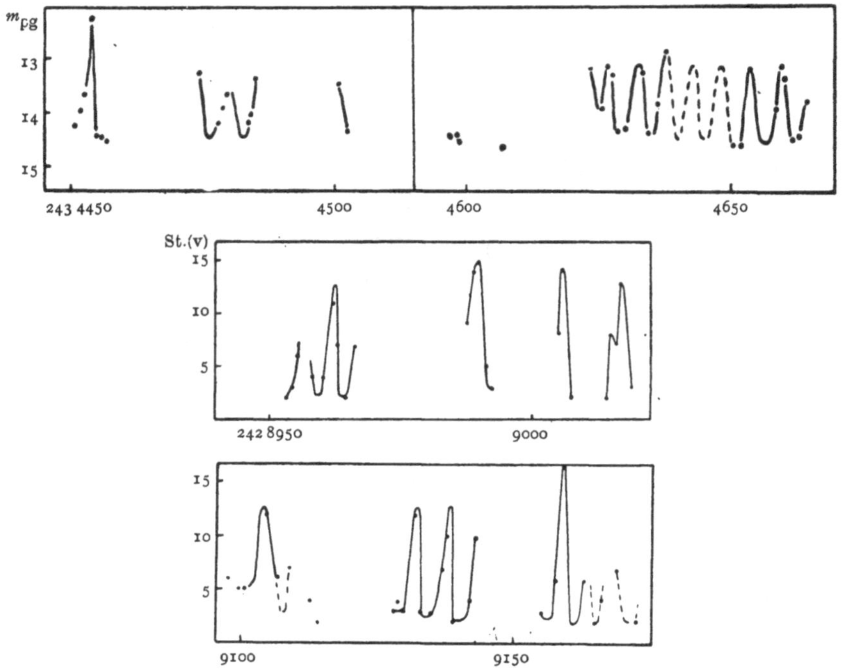

Abb. 4. Lichtkurve von AQ Dra [11], [31].

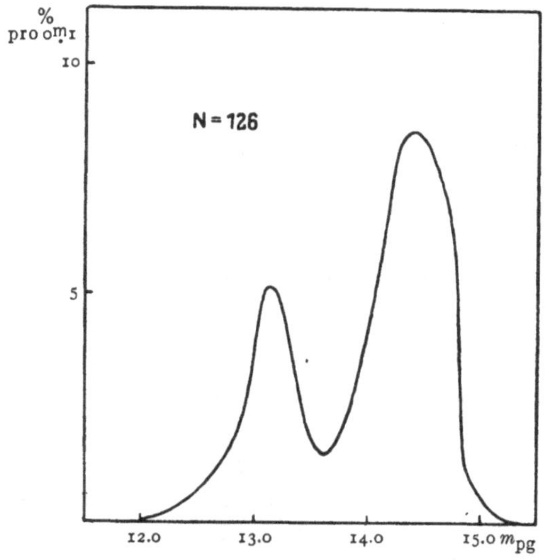

Abb. 5. Verteilung der Helligkeitswerte für AQ Dra [11].

helligkeiten" in den Maxima ($13^{m}.2$) und den Minima ($14^{m}.5$) erkennen und die mittlere Helligkeit der sehr raschen Auf- und Abstiege (Minimum in der Verteilungskurve bei $13^{m}.6$). Wir wollen noch bemerken, daß diese Häufigkeitsverteilung formal betrachtet den allgemeinen Fall von Verteilungen darstellt, die durch kontinuierliche Verminderung des linken Maximums entstehen und dabei über die Verteilungen der SS-Cygni-Sterne zu denen der UV-Ceti-Sterne (Form d) entarten.

Die U-Geminorum-Sterne besitzen noch einen weiteren abnormen Vertreter, den man, nach der Lichtkurve beurteilt, als recht typischen Angehörigen der oben definierten Form c_1 der Hauptreihenveränderlichen anzusehen hätte: AE Aqr. Auch er wurde zeitweilig als RW-Aurigae-Stern klassifiziert (siehe die Lichtkurve in [32]), solange, bis genaue lichtelektrische Messungen das Einmalige seines Lichtwechsels [33] und spektrographische Untersuchungen seinen Charakter als spektroskopischer Doppelstern mit extrem kurzer Umlaufszeit [16] erkennen ließen.

Das letztere erweist ihn als zweifellos verwandt mit SS Cyg [34] und RU Peg, zwei typischen U-Geminorum-Sternen, und vielleicht mit DQ Her [35], der als Bedeckungsstern erkannten langsamen Nova von 1934. In den Modellen, die man nach den spektroskopischen Beobachtungen für diese Doppelsterne konstruiert hat [36], [37], spielen dK- und dG-Sterne eine Rolle sowie, den Lichtwechsel verursachend, abnorme blaue Unterzwerge.

c) Schlußbemerkung

Die beiden vorigen Abschnitte haben gezeigt, daß der Zusammenschluß physikalisch verschiedenartig beschaffener Sterne bei zunächst nach rein photometrischen Gesichtspunkten durchgeführter Klassifikation und Gruppierung nicht ausgeschlossen bleibt (Beispiele: Z-Camelopardalis-Sterne, Exnovae, AE Aqr). Doch sind alle diese Objekte, wenn wir sie auch in unsere Definition der „unregelmäßig veränderlichen Sterne geringer Leuchtkraft" nicht mit aufgenommen haben, keine Riesensterne. Man ist geneigt, verallgemeinernd zu sagen: Nach heutiger Kenntnis gehört jeder Stern, der photographisch oder visuell beobachtbare rasche nicht-periodische Änderungen seiner Gesamthelligkeit zeigt, sehr wahrscheinlich den Leuchtkraftklassen IV, V oder sd an.

Die Umkehrung dieses Satzes gilt allerdings nicht: Wir kennen sehr wohl Hauptreihenveränderliche (zum Beispiel T Tau), deren Lichtwechsel dem der langsam veränderlichen roten Riesen ähnelt. Ein wichtiges Beobachtungsprogramm bestünde also darin, unter den als „langsam veränderlich" in die Kataloge aufgenommenen Sternen diejenigen herauszusuchen, deren Spektraltypen eine Zugehörigkeit zu den Hauptreihenveränderlichen vermuten lassen. Man würde vielleicht zunächst gewisse Felder bearbeiten, etwa die des Sonneberger Planes. Jedenfalls entscheidet bei all diesen zweifelhaften Fällen erst eine Beurteilung des Spektrums über die Aufnahme in die in vorliegender Arbeit definierte Gruppe.

IV. Leuchtkraft und Spektraltypus

Im Anschluß an den vorangegangenen Abschnitt III müssen nun die spektralen Charakteristika der betrachteten Sterne untersucht werden. In der Tat gehören die meisten der in der Tabelle A nach den auf S. 12 aufgestellten Prinzipien angeführten Objekte den Leuchtkraftklassen V (d) oder IV an oder den Spektraltypen B und A ohne ausgesprochene Riesenkriterien.

a) Riesensterne

Es finden sich jedoch auch einige Sterne der Leuchtkraftklassen I bis III. Eine Anzahl dieser Objekte hatte HERBIG untersucht [38]: Bei der Auswertung der Spaltspektrogramme von 34 Sternen der „erweiterten RW-Aurigae-Gruppe" HOFFMEISTERS [5] kam HERBIG am angegebenen Ort zu dem Resultat, daß das ihm „vorliegende spektroskopische Material den Vorschlag, die RW-Aurigae-Veränderlichen seien alle Hauptreihensterne, nicht stützt". Der Bereich der Leuchtkräfte der von ihm beobachteten Objekte geht wirklich von Ib (schwacher Überriese) bis V (Zwerg). Es war von großem Interesse, den Lichtwechsel der spektroskopisch als Riesen klassifizierten Sterne im Hinblick auf die im vorletzten Absatz des Abschnittes III c) vertretene These zu überprüfen. Die Resultate sind in Tabelle B niedergelegt.

Tabelle B

Riesensterne unter den katalogisierten RW-Aurigae-Sternen

Stern	Spektrum	Lichtwechsel
BF Ori	A5e II—III	rasch, unperiodisch, große Amplitude
XY Per	A2 II + B6	rasch, unperiodisch, große Amplitude
RR Tau	A2e II—III	rasch, unperiodisch, große Amplitude
V 351 Ori	A7 III	
R CrA	A5e II	unperiodisch, wenig untersucht
RY Boo	F5 III—IV	unbekannt, visuelle Amplitude $0\overset{m}{.}4$
V 395 Cyg	F8 Ib	Wellen und Stillstand, vis. Ampl. $0\overset{m}{.}6$
BQ Ser	F5 III	Wellen
V 733 Aql	G0 Ib	δ-Cephei-Stern [121]
SU Aur	G2e III	Wellen, visuelle Amplitude $0\overset{m}{.}8$
HK Aql	K5 III	μ-Cep-Art [39]
ST Lyn	K2 III	lange Wellen oder konstant [40]
DO Mon	gM 4	[120]
Y Lep	M4 III	halbregelmäßig, $P \approx 109^d$
V 553 Cen	G5p I—III	δ-Cephei-Stern [17]
RT TrA	G2 I—II	δ-Cephei-Stern [10]

Von den Sternen BF Ori, XY Per, RR Tau und V 351 Ori sehen wir zunächst ab; sie werden im nächsten Abschnitt IV bα) behandelt werden. Auch lassen wir V 553 Cen und RT TrA ganz außer Betracht, von deren fälschlicher Zuordnung oben bereits die Rede war. Von den verbleibenden zehn Sternen schien V 733 Aql als einziger die für RW-Aurigae-Veränderliche typische Form des Lichtwechsels zu zeigen. Inzwischen ist er jedoch als δ-Cephei-Stern mit $P = 6\overset{d}{.}18$ erkannt worden. Siehe dazu [121]. Dagegen halte ich es nicht für ausgeschlossen, daß SU Aur ein echter, wenn auch entarteter, „Hauptreihenveränderlicher" der Form c_2 ist. Dieser Stern wäre dann als verwandt anzusehen zu den im folgenden Abschnitt b α) behandelten Objekten. Etwas Analoges gilt für R CrA.

b) Pseudoriesen und T-Tauri-Sterne

α) Den oben ausgeschlossenen Sternen BF Ori, RR Tau, XY Per und V 351 Ori wollen wir uns nun zuwenden. Es kann wohl kein Zweifel daran bestehen, daß es sich bei diesen Veränderlichen um echte RW-Aurigae-Sterne handelt. RR Tau und XY Per liegen in Dunkelgebieten und beleuchten jeweils einen kleinen Reflektionsnebel; BF Ori befindet sich im Gebiet des großen Orion-Nebels. Der Lichtwechsel von XY Per [41] und BF Ori [26] verläuft nach Kategorie b_2, derjenige von V 351 Ori nach b_1 und derjenige von RR Tau könnte nach den lichtelektrischen Beobachtungen [29] eine Übergangsform zwischen a und b darstellen, wird aber gemeinhin mit a_1 charakterisiert [23].

Einen besonders interessanten Fall stellt BF Ori dar, Spektraltypus A5e II—III. Ein normaler A5-Stern dieser Leuchtkraftklasse besitzt die absolute photographische Helligkeit $M_{pg} \approx -1^m$; mit der beobachteten mittleren scheinbaren Helligkeit $\overline{m_{pg}} = 11^m\!.6$ ergäbe sich ein scheinbarer Entfernungsmodul $m_{pg} - M_{pg} \approx +12^m\!.6$. Dem Orion-Nebel, in dessen Bereich der Stern liegt, ist dagegen ein scheinbarer Modul von $+9^m\!.2$ zuzuordnen. Diese Diskrepanz läßt sich durch eine der beiden folgenden Annahmen einfach erklären: Entweder das Objekt gehört nicht zum Orion-Aggregat (siehe V a)), sondern steht rund 1500 pc dahinter, oder der Riesencharakter ist vorgetäuscht und der Stern zählt zu den unregelmäßigen Veränderlichen im Nebel. Im letzteren Falle, der mir wesentlich plausibler erscheint, müßte BF Ori eine mittlere absolute photographische Helligkeit von $11^m\!.6 - 9^m\!.2 = +2^m\!.4$ besitzen. Das heißt aber, er läge genau im Bereich der Hauptreihe. Dieser A-Stern, von dem also Entfernungsmodul und eine spektroskopisch bestimmte Leuchtkraft bekannt sind, läßt gut begründeten Zweifel darüber entstehen, ob die zur Leuchtkraft-Klassifikation dienenden scharfen Balmer-Absorptionen ähnlicher Objekte wirklich in einer normalen Sternatmosphäre entstehen. Zwischen BF Ori und dem am Ende des vorigen Abschnittes IV a) genannten Stern SU Aur (G2e III) gibt es denn auch eine Reihe von Sternen mit stetigem Übergang, wie das folgende Schema (Tabelle C) zeigt:

Tabelle C

Stern	Spektrum	Lage
BF Ori	A5e II—III [42]	im Orion-Nebel
T Ori	A3e V; H-Absorpt. mit scharfem Kern [43]	im Orion-Nebel, wahrscheinlich Doppelstern
XY Per	A2 II + B6 [39]	beleuchtet kleinen Nebel, wahrscheinlich Doppelstern
RR Tau	A2e II—III [39]	beleuchtet kleinen Nebel
R CrA	A5e II [122]	beleuchtet kleinen Nebel
V 351 Ori	A7 III [120]	
R Mon	Fep; scharfe Balmer-Absorpt. ([44], S. 111)	beleuchtet kleinen Nebel
SU Aur	G2e III [39]	beleuchtet kleinen Nebel

Es ist gut verständlich, daß bei den betrachteten veränderlichen Sternen der Zusammenhang zwischen den beobachteten physikalischen Parametern, etwa der auf die Gestalt der Absorptionslinien einwirkenden Dichte der äußeren Schichten, und der Lage im Russell-Diagramm nicht „normal" ist. In den nächsten Abschnitten (β und γ) kommt eine weitere Gruppe von irregulär veränderlichen Sternen geringer Leuchtkraft zur Sprache, deren Mitglieder ebenfalls eine Art spektroskopischen Riesencharakters zeigen, nämlich eine verhältnismäßig große Anzahl auflösbarer

Balmer-Emissionen. Die Ähnlichkeit zwischen dieser Erscheinung und den scharfen Wasserstoff-*Absorptionen* der ebengenannten Objekte ist unbestreitbar.

Wir nennen Sterne wie RR Tau und BF Ori „Pseudoriesen".

β) Bei der eben erwähnten Gruppe der Emissionslinien-Objekte handelt es sich um die unregelmäßigen Veränderlichen mittleren bis späten Spektraltypus in Aggregaten. Auf die bis jetzt genauer untersuchten Aggregate solcher Sterne („T-Tauri-Assoziationen"), jeweils als Ganzes betrachtet, wird in Abschnitt V a) näher eingegangen werden. Hier an dieser Stelle sollen die Eigenschaften der Einzelsterne etwas genauer besprochen werden.

Die Erkenntnis, daß die photographische Helligkeit der in galaktischen Nebeln meist in größerer Anzahl vorgefundenen unregelmäßig veränderlichen Sterne mitt-

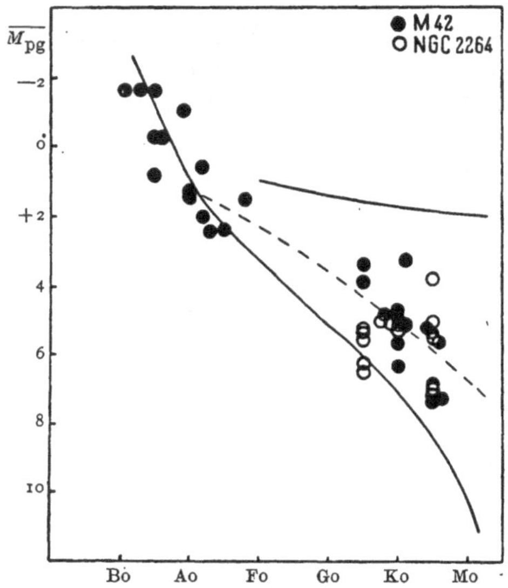

Abb. 6. Diagramm Sp/$\overline{M}_{pg}$ für die Veränderlichen in M 42 und NGC 2264.

leren bis späten Spektraltypus mit Balmeremissionen im Mittel etwa $2^m\!.5$ größer ist als die normaler Zwerge, ist jetzt gut begründet. Den ersten Hinweis auf diese Erscheinung bei den Variablen des Orion-Nebels gab Parenago ([45], S. 342). Unabhängig davon fand Wenzel ein ähnliches Phänomen an den veränderlichen Sternen der Taurus-Dunkelwolke [46], und Walker veröffentlichte ein Farbenhelligkeitsdiagramm der Sterne in NGC 2264 [47], das wiederum in die gleiche Richtung wies und später von Wenzel bestätigt wurde [48].

Die Abb. 6 zeigt ein typisches Diagramm Sp/$\overline{M}_{pg}$ für die Veränderlichen mit bekanntem Specktraltypus in M 42 (Orion-Nebel) und NGC 2264 (Nebel um S Mon); für ersteren wurde ein scheinbarer Entfernungsmodul von $9^m\!.2$, für letzteren ein solcher von $9^m\!.7$ angenommen.

Bevor das Farbenhelligkeitsdiagramm in der Bemerkung Walkers [47] veröffentlicht worden war, hatte ich die Absicht, eine photographische 3-Farbenphotometrie der Veränderlichen der Taurus-Dunkelwolke mit Hilfe der Sonneberger Schmidtkamera 50/70/172 cm durchzuführen. Der Plan mußte leider wegen jahrelang anhaltendem schlechtem Wetter aufgegeben werden, da man zu seiner Durchführung mehrere Nächte mit ungestört klarem Himmel benötigt. Die Beobachtung dieses Programms ist bis heute noch nirgends unternommen worden, aber trotz der genannten Arbeit WALKERS nicht überflüssig.

Auf diese Arbeit müssen wir später in anderem Zusammenhang noch zurückkommen; hier soll sie uns nicht weiter beschäftigen, da ihre Konsequenzen von mehreren Autoren eingehend behandelt worden sind.

Zusammenfassend stellen wir fest, daß die RW-Aurigae-Sterne in Aggregaten, die mit interstellarer Materie assoziiert sind (Lichtwechsel vielfach vom Typus c_2), im Russell-Diagramm ab etwa A5 im wesentlichen eine Sequenz im Bereich der Unterriesen bilden. Daher ist der Ausdruck „Veränderliche geringer Leuchtkraft" dem anderen, „Hauptreihenveränderliche", vorzuziehen, wenn auch der letztere der Kürze wegen häufig benutzt wird.

γ) Welche spektroskopischen Merkmale haben die in Abschnitt β) genannten Veränderlichen, die man oft als „T-Tauri-Sterne" im weiteren Sinne bezeichnet? Das wesentliche Charakteristikum sind die Emissionslinien niederer Anregung (d. h. keine Linien höher ionisierter Elemente), z. B. H, K (Ca II) und Balmerserie (bisweilen nur H α), die auch auf Spektren geringer Dispersion zu sehen sind. Spektren hoher Dispersion zeigen bei verschiedenen hellen Objekten noch eine Vielzahl anderer Emissionen; die grundlegende Arbeit hierüber ist 1945 vor der eigentlichen Entdeckung der „T-Tauri-Assoziationen" von JOY veröffentlicht worden [49]. Sie hat zur Konstituierung des ursprünglichen „T-Tauri-Typus" geführt, der durch folgende Definitionen umrissen wurde:

1. Irregulärer Lichtwechsel (Amplitude $\approx 3^m$)
2. Spektren F5—M mit Emissionen von etwas niedrigerer Anregung als die der Sonnenchromosphäre
3. Geringe Leuchtkraft
4. Assoziation mit dunklen oder hellen Nebeln.

Die in diesem Zusammenhang wichtigsten Ergebnisse der weiteren spektrographischen Untersuchung von T-Tauri-Sternen (im weiteren Sinne) sind die folgenden:

1. Mit einer Dispersion von 220 Å pro mm (Mt. Wilson 100-Zöller) wurden bei einigen Objekten die Balmerlinien bis H 19 in Emission beobachtet [50].
2. Das Balmerdekrement ist sehr flach.
3. Viele Objekte zeigen einen Anstieg der Kontinuum-Intensität I_λ nach dem UV hin in völlig abnormer Stärke.

Die erste quantitative spektralphotometrische Untersuchung dieser Erscheinungen, insbesondere der letzteren, hat BÖHM an Lick-Spektrogrammen durchgeführt [51]. Er fand, daß die Intensität des Kontinuums jenseits $\lambda = 3750$ Å,

$$I_\lambda \sim \lambda^{-11} \quad \text{bei NX Mon und sogar}$$
$$I_\lambda \sim \lambda^{-47} \quad \text{bei VY Ori verläuft.}$$

Da bei thermischem Gleichgewicht I_λ höchstens wie λ^{-4} nach dem UV zu ansteigen kann ($T \to \infty$), die Intensität der Strahlung relativistischer Elektronen nur wie λ^{-7}, ist es (nach BÖHM) nicht möglich, den steilen Intensitätsanstieg durch heiße Flecken, einen heißen Begleiter oder durch Ausstrahlung relativistischer Elektronen im Magnetfeld zu deuten. Auf Grund des sehr flachen Balmerdekrements erklärt BÖHM den UV-Überschuß prinzipiell durch Zusammenfließen unaufgelöster höherer Balmerlinien und des Balmerkontinuums, beides in optisch-dicker Schicht entstehend.

Die quantitative Rechnung mittels des bekannten Integrals

$$B_\lambda \cdot \int_0^\infty \{1 - \exp(-Ce^{-v^2})\}\, dv, \quad \text{wo}$$

$$C = \frac{\pi^{1/2} e^2}{m c^2} \cdot \frac{\lambda^2}{\Delta \lambda_D} \cdot N_{0,2}\, l f,$$

ergibt durch Vergleich mit den beobachteten Intensitätsverteilungen von NX Mon und VY Ori [51] als ganz rohen Mittelwert etwa

$$N_{0,2} \cdot l = 10^{19}\,\text{cm}^{-2}.$$

Diese Deutung einiger wesentlicher spektroskopischer Eigenschaften der T-Tauri-Sterne stieß auf zwei Schwierigkeiten:

1. „Woher beziehen die Schichten des Sterns, die selbst die hohen Glieder der Balmerserie noch in optisch dicker Schicht emittieren, ihre Energie? Aus diesem Gebiet, in dem die UV-Emission erzeugt wird, muß ja wegen der höheren Strahlungstemperatur dieses Gebietes für $\lambda < 3770$ Å dauernd ein gewisser Strahlungsstrom in die Photosphäre zurückfließen. Die Energie muß also vermutlich zu einem merklichen Teil durch andere Mechanismen als durch Strahlung nach außen transportiert werden.“ (Zitiert nach Böhm [51].)
2. An NX Mon wurden im Bereich 3200 Å $< \lambda < 3770$ Å ein Polarisationsgrad der Strahlung von im Mittel 45% und Schwankungen des UV um eine Größenklasse pro Minute entdeckt [52]; beide Effekte werden durch das Böhmsche Modell nicht erklärt.

Es scheint mir, als ob diese beiden Punkte heute keine Einwände mehr darstellen. Was zunächst den zweiten anbelangt, so sind inzwischen neue Polarisationsbeobachtungen angestellt worden [53], die nicht das geringste der seinerzeit bemerkten Effekte erkennen lassen: weder Polarisation noch rasche Schwankungen. Somit steht hier Meinung gegen Meinung, und solange nicht intensive Beobachtungen eine Entscheidung erzwingen, brauchen wir im Zusammenhang mit obigem Modell diese Frage nicht weiter zu berühren. Bezüglich des Punktes 1, den Energietransport nach außen betreffend, wird im Abschnitt X im Zusammenhang mit atmosphärischen Wellen und Stoßwellen noch einiges Prinzipielle zu sagen sein.

c) Schlußbemerkung

Wir haben nunmehr ein ziemlich abgerundetes Bild aller derjenigen Phänomene gegeben, die zu einer unrichtigen Einordnung des Komplexes der RW-Aurigae-Sterne im Hertzsprung-Russell-Diagramm führen können und konnten. Wir benutzten, um die geringe absolute Helligkeit der Objekte nachzuweisen, teilweise eine indirekte Schlußweise, indem wir diejenigen Beobachtungen näher untersucht haben, die für eine hohe Leuchtkraft sprachen.

Bei den in Tabelle A aufgeführten Sternen zeichnen sich danach die folgenden Gruppen ab:

1. Frühe Spektraltypen ohne Riesenkennzeichen, zum Teil mit schwachen Emissionen von H und Ca II.
2. Mittlere und späte Spektraltypen mit Emissionen niederer Anregung und zum Teil starkem UV-Überschuß, im Bereich der Leuchtkraftklassen IV und V (T-Tauri-Sterne im weiteren Sinn).

3. Pseudoriesen vom Spektraltypus A.
4. Riesensterne mit atypischem meist wellenförmigem Lichtwechsel geringer Amplitude, fälschlich eingeordnet.

Wir kommen zu dem Ergebnis, daß kein einziger Stern mit typischem Lichtwechsel in obiger Tabelle A enthalten ist, dessen Leuchtkraft ihn als einen Riesen oder gar Überriesen ausweist. Insbesondere möchten wir die in III c) aufgestellte These für bestätigt halten, daß es unter den echten Riesensternen, soviel wir heute wissen, keine rasche Veränderlichkeit etwa nach Art derjenigen von RW Aurigae gibt.

Wir werden von nun an bei unseren Betrachtungen die in Tabelle A mit einem Kreuz (+) versehenen Objekte als in Wirklichkeit nicht zugehörig außer acht lassen. Wir empfehlen, sie aus der Liste der „RW-Aurigae-Sterne" zu streichen.

V. Räumliche Stellung

Nachdem uns die geringe Leuchtkraft der RW-Aurigae-Sterne, wie im vorigen Abschnitt IV dargelegt, gesichert erscheint, ist es möglich, gewisse Betrachtungen über die räumliche Stellung der Hauptreihenveränderlichen anzustellen. Man muß sich dabei im klaren darüber sein, daß die kleine absolute Helligkeit vieler der zugehörigen Objekte ein tieferes Eindringen in den von ihnen bevölkerten Raum verhindert, wie dies in der Einleitung an einem Beispiel verdeutlicht wurde.

a) T-Assoziationen

α) Eine besondere Bedeutung kommt den T-Tauri-Assoziationen zu. Wir haben in den Abschnitten IV bβ) und γ) bereits einige physikalische Eigenschaften der Mitglieder gewisser „Aggregate" behandelt, ohne näher auf den letzteren Begriff einzugehen.

Die Ausdrücke „Aggregat" und „Assoziation" werden oft nebeneinander benutzt, der erstere im angelsächsischen Schrifttum bevorzugt. Meurers [54] schlägt vor, die Bezeichnung „Aggregat" bei einer Gruppe von Sternen, „für die man sich aus irgend einem auffälligen Grunde zu interessieren Ursache hat", zu gebrauchen, „und eine solche Gruppe erst dann als Assoziation zu bezeichnen, wenn sicher gestellt ist, daß es sich um eine nicht-zufällige Anhäufung von Sternen mit einem kosmogonischen Zusammenhang handelt." Wir wollen in Anlehnung an diese Definition den Ausdruck „Assoziation" bevorzugt dann verwenden, wenn wir den zitierten „kosmogonischen Zusammenhang" besonders beachten; im anderen Falle benutzen wir für dieselbe Sterngruppe daneben auch die Bezeichnung „Aggregat".

Die Existenz von T-Assoziationen war eine Zeitlang recht umstritten, nachdem nachgewiesen werden konnte, daß die Mehrzahl der anfangs in Betracht gezogenen Sterngruppierungen infolge ungleichmäßig intensiver Absuchung nach Veränderlichen nur vorgetäuscht waren, also auf Auswahleffekten beruhten [55]. Inzwischen sind aber zusätzlich zu den schon länger bekannten Aggregaten in Orion und Taurus noch eine merkliche Anzahl weiterer entdeckt worden, so daß heute kein Zweifel mehr an der Realität einiger dieser Gruppen bestehen kann.

β) Wir wollen an den Anfang dieses Abschnittes eine Tabelle genauer bekannter Aggregate stellen. Eine Anzahl weiterer, so z. B. die Assoziationen in M 8 Sgr und bei

NGC 7023 Cep, waren zur Zeit der Ausarbeitung dieses Textes nicht genügend untersucht; auch werden laufend neu entdeckte hinzukommen. Im Anschluß an die Tabelle, deren wichtigste Spalten diejenigen für die Entfernungen Δ (in pc) und räumlichen Dichten ϱ (Sterne pro pc^3) sind, werden die einzelnen aufgeführten Aggregate bezüglich Δ und ϱ näher besprochen.

Tabelle D

T-Assoziationen

Bezeichnung	N	$(m-M)_{pg}$ scheinb.	m_{pg} (Grenz.)	M_{pg} (Grenz.)	Δ pc	ϱ_{red} pc^{-3}	Literatur
Taurus Nord (4^{25} $+26^0$)	60	$7^m_.0$	$17^m_.5$	$10^m_.5$	170	0.015	[50], [56], [57], [58]
Taurus Süd (4^{30} $+17^0$)	9	7.5	17.5	10.0	200	0.021	[50], [56], [57], [58]
Orion Nord (5^{25} $+12^0$)	40	9.7	17.5	7.8	650	0.012	[50], [56], [57], [58]
NGC 2264 Mon	140	9.7	18.5	8.8	790	0.60	[59], [60], [61]
IC 348 Per	16	10.5	19.5	9.7	380	3.0	[62], [63]
IC 434 Ori	19+61	9.2	17.5	8.3	385	0.23	[64]
M 42 Ori	400					0.41	[2], [3], [65]
Gegend ϱ Oph	5	7.5	15	7.5	180	0.43	[66]

(Bemerkung: ϱ_{red} ist reduziert auf die absolute photographische Grenzhelligkeit $10^m_.5$, siehe Text.)

Als die der Sonne räumlich am nächsten stehende Assoziation haben wir diejenige in *Auriga-Taurus* anzusehen. Wir halten sie für besonders wichtig, weil sie eine Anzahl scheinbar heller relativ gut untersuchter Objekte enthält und weil sie auch mittleren Instrumenten noch zugänglich ist.

Diese Assoziation diene uns zu einer ersten Entfernungsabschätzung des Taurus-Auriga-Komplexes, die unabhängig ist von den vorliegenden Entfernungsbestimmungen für die Dunkelwolken, mit denen jene Sterne, wie wir sehen werden, zweifellos physisch verbunden sind.

Die Assoziation enthält vier Doppelsterne, deren Hauptkomponenten alle vom Spektraltypus dG5e sind:

Stern	Gesamtlicht			Begleiter		m_v (Begl.) — $\overline{m}_v$ (Ges.)
	$\overline{m}$	FI	$\overline{m}_v$	m_v	Sp.	
RW Aur	10.5 v	+0.7	10.5	11.5	Moe	$1^m_.0$
UY Aur	12.8 pg	(+1.0)	11.8	12.0	Moe:	0.2
UZ Tau	13.3 pg	+1.3	12.0	13.3	M3e	1.3
UX Tau	12.0 pg	+1.0	11.0	13.0	M2e	2.0
			Mittelwerte	12.5	M1e	$1^m_.1 = \Delta m$

Als mittlere Differenz der scheinbaren Helligkeiten zwischen Hauptstern und M-Komponente nehmen wir

$$\delta m = \overline{m_{M1e} - m_{dG5e}} = +\ 2.5 \lg \{10^{-0.4\,(-\Delta m)} - 1\} = 0^m_.6 \text{ visuell,}$$

als mittlere Helligkeit der Hauptsterne

$$\overline{m_{\mathrm{dG5e}}} \approx m_{\mathrm{M1e}} - \delta m = 11^{\mathrm{m}}_{\cdot}9 \quad \text{visuell.}$$

Der normale Wert für δm ist ungefähr 3^{m} [4].

Zur Erklärung der geringen Differenz δm zwischen dG5- und M1-Stern gibt es drei Möglichkeiten:

1. Klassifikation G zu früh oder M zu spät.
   Dies halte ich für wenig wahrscheinlich, da man die beiden Sterne des Paares unmittelbar nebeneinander hat und sie vergleichen kann.
2. Die G-Sterne sind Unterzwerge ($2^{\mathrm{m}}_{\cdot}4$ unter der Hauptreihe).
3. Die M-Sterne liegen über der Hauptreihe, die G-Sterne auf ihr.

Ziehen wir zum Vergleich die Abb. 6 hinzu, die das Russell-Diagramm der Veränderlichen in M 42 und NGC 2264 darstellt! Wir bemerken, daß auch in NGC 2264 fünf dG5-Sterne existieren, deren mittlerer Bildpunkt im Diagramm nahe der Hauptreihe liegt. Welches auch immer die Ursachen dieser Erscheinung sind, wir deuten sie als direkte Bestätigung des obigen Punktes 3 und machen daher die Annahme, daß in unseren vier Doppelsternen die dG5-Hauptsterne eine normale Leuchtkraft besitzen, die M-Begleiter aber, nach Art der T-Tauri-Sterne, über der Hauptreihe liegen. Auf diese Weise erhalten wir mit der absoluten visuellen Helligkeit normaler dG5-Sterne, $5^{\mathrm{m}}_{\cdot}3$, als mittleren scheinbaren visuellen Entfernungsmodul der Auriga-Taurus-Assoziation

$$(m - M)_{\mathrm{vis}} = +6^{\mathrm{m}}_{\cdot}6.$$

Dieser Modul kann nun verglichen werden mit dem von ADOLFSSON [67] für die zweite Taurus-Dunkelwolke abgeleiteten scheinbaren photographischen Modul

$$(m - M)_{\mathrm{pg}} = +7^{\mathrm{m}}_{\cdot}0.$$

Die Differenz von $0^{\mathrm{m}}_{\cdot}4$ kann annähernd durch den Farbexzeß leicht gedeutet werden, so daß wir folgendes Ergebnis erhalten:

Die in Taurus-Auriga beobachtete T-Assoziation liegt in der zweiten Dunkelwolke (die „erste" reicht bis zum Ort der Sonne), und zwar nahe dem der Sonne zugewandten Rande. Ihre G-Sterne haben annähernd normale Leuchtktaft V, die späteren Typen liegen über der Hauptreihe.

Wir spalten das genannte Aggregat, ausgehend von der Lage der betrachteten Sterne, in zwei Teile auf, deren Distanz an der Sphäre etwa 10° beträgt:

Für die Gegend des Aggregats Taurus-Nord ($4^{\mathrm{h}}25^{\mathrm{m}} + 26°$) können wir den eben bestimmten scheinbaren Entfernungsmodul und die von ADOLFSSON angegebene photographische Absorption von $0^{\mathrm{m}}_{\cdot}8$ sogleich benutzen und erhalten als Entfernung

$$\Delta = 170 \text{ pc.}$$

Eine Abschätzung der räumlichen Dichte ϱ der in der Assoziation beobachteten T-Tauri-Sterne (im weiteren Sinn) ist naturgemäß sehr schwer, da die wirkliche Form des von den Objekten eingenommenen Raumteils V nicht zu bestimmen ist. Wir nehmen hier und in den folgenden Fällen Kugelgestalt an und hoffen, damit die richtige Größenordnung von ϱ ausrechnen zu können.

An weiteren Abkürzungen werden wir benutzen

$N(M_{\mathrm{pg}})$: beobachtete oder zu erwartende Zahl der T-Tauri-Sterne $\underline{]} M_{\mathrm{pg}}$

F: eingenommene Fläche in Quadratgrad.

Für die Assoziation Taurus-Nord haben wir $N(10^{m}.5) = 60$, $F = 35\,\square^{\circ}$. Damit wird

$$\varrho = \frac{N\,(10.5)}{V} = \frac{N\,(10.5)}{\frac{4}{3}\pi\left(\sqrt{\frac{F}{\pi}}\cdot 0.0174\cdot\Delta\right)^{3}} = \frac{60}{4000\ \mathrm{pc}^{3}} = 0.015\ \mathrm{pc}^{-3}\,.$$

Das Aggregat Taurus-Süd ($4^{h}30^{m}\ +17^{\circ}$) liegt ein wenig abseits des eigentlichen Dunkelwolkenkomplexes, nicht weit von α Tau. Wir wollen daher die Entfernung nicht von Taurus-Nord übernehmen, sondern neu berechnen.

Dazu benutzen wir nun vollständig das in Abb. 6 gezeigte Russell-Diagramm, dessen Gültigkeit wir auch für andere T-Assoziationen nach den eben gemachten Erfahrungen nicht bezweifeln.

Folgende Veränderliche stehen zur Bestimmung des Entfernungsmoduls zur Verfügung:

Stern	$\overline{m}_{pg}$	Sp.	$\overline{m} - M$
DR Tau	14.0	dK5e	8.3
DQ	14.5	dMoe	7.8
DM	14.8	dK5e	9.1
257—2	13.7	dK6e	7.8
XZ	12.5	dG5:e	6.5
UX B	13.0	dM2e	5.5
		Mittelwert	7.5

Die mittlere Entfernung von Taurus-Süd scheint demnach etwas größer zu sein als diejenige für Taurus-Nord. Wir nehmen sie zu

$$\Delta = 200\ \mathrm{pc}$$

an (photographische Absorption $1^{m}.0$).

Mittels $N\,(10.0) = 9$ und $F = 6\,\square^{\circ}$ könnten wir nun ϱ, bezogen auf die Grenzhelligkeit $10^{m}.0$, berechnen. Damit wir jedoch die ϱ-Werte der verschiedenen Assoziationen miteinander vergleichen können, werden wir sie auf die gleiche absolute photographische Grenzhelligkeit $10^{m}.5$ zu reduzieren versuchen. Wir bedienen uns dabei der von Walker [61] für die zentrale Region von NGC 2264 abgeleiteten Leuchtkraftfunktion $\varphi(M)$, die im wesentlichen mit der von Herbig [59] allein für die T-Tauri-Sterne des Gebietes (aus anderem Material) angegebenen Funktion übereinstimmt. Für unsere Zwecke wurde die Tabelle 8 in [61] auf photographische Helligkeiten (B) umgerechnet und für die Bestimmung der zugehörigen absoluten Helligkeiten $M_{B} = M_{pg}$ der Entfernungsmodul $(m - M)_{pg} = 9^{m}.7$ (siehe unten) benutzt. Die Tabelle E gibt die daraus folgenden Integralwerte der Leuchtkraftfunktion

$$\psi\,(M_{pg}) = \frac{\int_{M_0}^{M_{pg}} \varphi\,(M_{pg})\,dM}{\int_{M_0}^{10.5} \varphi\,(M_{pg})\,dM}$$

so normiert, daß $\psi\,(10.5) = 1$.

T-Tauri-Sterne, die absolut heller als etwa $4^{m}.0$ sind, gibt es erfahrungsgemäß nicht. Daher ist $M_0 = 4^{m}.0$.

Damit wird, wenn wir $\varphi(M_{pg})$ als allgemeingültig ansehen,

$$N(10.5) = \frac{N(M_{pg})}{\psi(M_{pg})}.$$

Nach dieser Einschaltung berechnen wir für die Assoziation Taurus-Süd

$$N(10.5) = \frac{1}{0.92} \cdot N(10.0) = 9.8,$$

also $$\varrho_{\text{red}} = \frac{9.8}{470\,\text{pc}^3} = 0.021\ \text{pc}^{-3}.$$

Tabelle E

Integrale der Leuchtkraftfunktionen für T-Tauri-Sterne

M_{pg}	ψ	M_{pg}	ψ
4.0	0.00	7.5	0.51
4.5	0.04	8.0	0.60
5.0	0.09	8.5	0.68
5.5	0.14	9.0	0.76
6.0	0.19	9.5	0.84
6.5	0.26	10.0	0.92
7.0	0.41	10.5	1.00

Nun zum Aggregat Orion-Nord ($5^h25^m + 12°$). Die folgenden veränderlichen Sterne geringer Leuchtkraft mit bekanntem Spektraltypus liegen in seinem Bereich:

Stern	$\overline{m}_{pg}$	Sp.	$\overline{m} - M$
CO Ori	11.7	gF3e—dK0e	7.7
GW	10.8	dK3e	5.5
265—3	13.0	dK3e	7.7
265—5	16.5	dM0e	9.8
GX	14.7	dK3e	9.4
265—9	14.9	dK4e	9.4
HI	14.6	dK0e	9.9
HK	12.0	A4ep	11.0
265—12	9.0	B9e	8.8

Die ersten drei Veränderlichen haben im Mittel den Entfernungsmodul $+7^m_{\cdot}0$; sie gehören also zum Taurus-Auriga-Komplex. Wir lassen sie hier außer acht und erhalten für die restlichen Sterne

$$(\overline{m} - M)_{pg} = 9^m_{\cdot}7.$$

Mit einer Absorption von $0^m_{\cdot}6$ [68] bekommt man als Entfernung

$$\Delta = 650\ \text{pc},$$

und mit $N(7.8) = 40$, $F = 3\,\square°$:

$$\varrho_{\text{red}} = \frac{1}{0.56} \cdot \frac{40}{5700\,\text{pc}^3} = 0.012\ \text{pc}^{-3}.$$

Der von HARO [56] nach seinen Absuchungen, die im Anschluß an diejenigen von JOY [50] erfolgten, bemerkte erhöhte Zuwachs an neuen T-Tauri-Sternen in dieser Gegend (322%) im Verhältnis zu nur 109% bei der Taurus-Wolke erklärt sich leicht aus der größeren Entfernung und der helleren absoluten Grenzgröße für die Assoziation Orion-Nord in Verbindung mit der Differenz der scheinbaren Grenzhelligkeiten, $15^{m}.0$ bei JOY und $17^{m}.5$ bei HARO:

Absuchung	Abs. pg. Grenzgrößen M			$\psi(M)$		
	Tau-N	Tau-S	Ori-N	Tau-N	Tau-S	Ori-N
JOY	8.0	7.5	5.3	0.60	0.51	0.12
HARO	10.5	10.0	7.8	1.00	0.92	0.56
$\frac{\text{HARO—JOY}}{\text{JOY}}$				75%		367%

Wir sehen, daß schon durch die in der kleinen Tabelle dargelegte Überschlagsrechnung, in die eine Anzahl stark vereinfachender Hypothesen eingehen, die richtige Größenordnung der Zahl der von HARO zusätzlich aufgefundenen T-Tauri-Sterne herauskommt. Die hohe Flächendichte von Veränderlichen im Aggregat Orion-Nord, auf die HARO aufmerksam macht, erklärt sich also zwanglos durch die große Entfernung.

Auf die Assoziation in NGC 2264 Mon wurde oben schon verschiedentlich Bezug genommen, und sie wird uns auch in Abschnitt IX noch eingehend beschäftigen. Die erwähnten Arbeiten [59] und [61] liefern $(\overline{m} - M)_{pg} = 9^{m}.7$, Absorption $0^{m}.2$,

$$\Delta = 790 \text{ pc},$$

ferner $N(8.8) = 140$ und $F = 0.3\,\square^\circ$ für den zentralen Teil. Wir erhalten

$$\varrho_{\text{red}} = \frac{1}{0.73} \cdot \frac{140}{320 \text{ pc}^3} = 0.60 \text{ pc}^{-3}.$$

Eine wider Erwarten sehr dicht gedrängte Assoziation finden wir in IC 348 Per. Die in der Tabelle D angeführten Literaturstellen [62] und [63] liefern den scheinbaren pg. Distanzmodul $(m - M)_{pg} = 10^{m}.5$, den wahren visuellen $V_0 - M_0 = 7^{m}.9$, also

$$\Delta = 380 \text{ pc},$$

und mit $N(9.0) = 16$ und $F = 0.1\,\square^\circ$:

$$\varrho_{\text{red}} = \frac{1}{0.76} \cdot \frac{16}{6.9 \text{ pc}^3} = 3.0 \text{ pc}^{-3}.$$

Das Aggregat nahe ζ Ori, in IC 434 Ori, können wir in zwei benachbarte Assoziationen aufspalten, die je eine Fläche von $F = 1\,\square^\circ$ an der Sphäre einnehmen. Leider ist bisher nur der Spektraltypus eines einzigen in der Gegend stehenden RW-Aurigae-Sterns bekannt geworden, nämlich von RY Ori: F6e. Die Bestimmung eines scheinbaren Entfernungsmoduls ist daher nicht möglich, zumal RY Ori wenig untersucht und seine reelle Zugehörigkeit zur Assoziation sehr zweifelhaft ist. Wir schließen uns daher der von CEDERBLAD [69] vertretenen Meinung an, daß der Pferdekopfnebel IC 434 ein Bestandteil des großen Nebels im Orion ist, und benutzen dementsprechend die weiter unten für M 42 gegebenen Daten, nämlich $(m - M)_{pg} = 9^{m}.2$, $\Delta = 385$ pc. Die Zusammenfassung der erwähnten beiden Teilgebiete gibt mit $N(8.3) = 80$

$$\varrho_{red} = \frac{1}{0.65} \cdot \frac{80}{2 \cdot 226\ pc^3} = 0.23\ pc^{-3}.$$

Die Assoziation im Orion-Nebel M 42 ist schon sehr lange bekannt. Die dort vorhandenen unregelmäßigen Veränderlichen haben zeitweise einer ganzen Klasse, nämlich derjenigen der „Orion-Nebelveränderlichen", ihren Namen gegeben. Von den in M 42 bis zur Helligkeit $8^{m}.3$ gefundenen rund 400 veränderlichen Sternen geringer Leuchtkraft sind eine Anzahl heller als 4^{m}, also nicht als T-Tauri-Sterne zu bezeichnen, sondern B- und A-Sterne. Ihre Gesamtzahl ist aber nicht über Gebühr groß, so daß wir trotz einiger Bedenken für unsere Abschätzung von ϱ_{red} der Einfachheit halber den Wert $N(8.3) = 400$ verwenden werden. Mit

$$\Delta = 385\ pc$$

und $F = 3.5\square^{\circ}$ wird dann

$$\varrho_{red} = \frac{1}{0.65} \cdot \frac{400}{1500\ pc^3} = 0.41\ pc^{-3}.$$

Zum Schluß betrachten wir noch das Aggregat in IC 4603 Oph, bei der dichten Dunkelwolke unmittelbar südlich ϱ Oph. Struve und Rudkjöbing haben dort auf $F = 1\square^{\circ}$ die folgenden T-Tauri-Sterne gefunden [66]:

Stern	$\overline{m_{pg}}$	Sp.	$\overline{m}-M$
St.-R. 4	13	K5e	7.3
12	13.5	Me(M1)	6.0:
9	12.5	K2e	7.3
10	15	K ?e	9.3:
V 853 Oph	13.3	dKe	7.6
		Mittelwert	7.5

Für die Distanz der Dunkelwolke von der Sonne benutzen wir den Mittelwert

$$\Delta = 180\ pc$$

zwischen den Angaben Boks [70] und Cederblads [69]. Mit N(7.5) = 5 erhalten wir

$$\varrho_{red} = \frac{1}{0.51} \cdot \frac{5}{23\ pc^3} = 0.43\ pc^{-3}.$$

Damit wollen wir die Behandlung einzelner Assoziationen beenden. Weitere Aggregate von T-Tauri-Sternen finden wir beispielsweise assoziiert mit den folgenden dunklen oder hellen Nebeln: Lupus-Dunkelstreifen ($15^{h}40^{m} - 34^{\circ}$) [71], M 8 Sgr, IC 5060 Cyg (Pelikan-Nebel) [72], NGC 7023 Cep [73] und Cepheus-Dunkelwolke, NGC 7635 Cas [74], Nebel in CrA ($19^{h}00^{m} - 37^{\circ}$), Dunkelwolke bei ε Cha [123], sowie wahrscheinlich NGC 2024 Ori [64]. Eine genauere Untersuchung dieser Objekte ist noch nicht erfolgt; für einen Teil derselben und für weitere Dunkelgebiete, die wahrscheinlich ebenfalls T-Assoziationen enthalten (z. B. dreiteilige Höhle bei γ Aql), läuft ein Programm am Sonneberger Schmidtspiegel. Über die Ergebnisse wird zur gegebenen Zeit berichtet.

γ) Eine kurze Zusammenfassung soll diesen Abschnitt Va) beschließen. Obwohl die Anzahl der genauer bekannten Assoziationen mit 8 sehr gering ist, wollen wir insbesondere die berechneten Dichtewerte kurz diskutieren. Die Tabelle D weist drei verschiedene Größenordnungen der Werte für ϱ_{red} auf:

Assoziationen	$\overline{\varrho_{\text{red}}}$
Tau-N, Tau-S, Ori-N	0.016 T-Tau-Sterne mit 4.0] M_{pg}] 10.5 pro pc^3
NGC 2264, IC 434, M 42, ϱ Oph	0.42
IC 348	3.0
Sonnenumgebung	0.05 Sonnenmassen pro pc^3 (nur Sterne)

Betrachten wir zunächst den hohen Einzelwert für IC 348. Diejenige Größe, gegen deren Unsicherheit alle die berechneten Dichtewerte weitaus am empfindlichsten sind, ist ersichtlich die Entfernung Δ von der Sonne. Im genannten Fall würde eine Verdopplung der Distanz den Dichtewert auf 0.38 pc^{-3} herabdrücken und damit in nahe Übereinstimmung mit denjenigen der zweiten Gruppe bringen. Da jedoch in der zitierten Arbeit [63] lichtelektrisch gemessene *V*- und *B*-*V*-Werte und Spaltspektrogramme für die Spektraltypen zugrunde gelegt sind, ist schwer verständlich, wie eine Änderung des wahren Distanzmoduls $V_0 - M_0$ um $1^{m}.5$ von $7^{m}.9$ auf $9^{m}.4$ motiviert werden kann, es sei denn, es wäre das Verhältnis

$$\frac{A_V}{E_{B-V}} \approx 1.5$$

statt, wie angenommen, 3.0, oder der Nullpunkt der M_0-Skala wäre um $1^{m}.5$ zu schwach. Beides ist sehr unplausibel. Im übrigen gibt Greenstein [75] die Entfernung des Haufens in IC 348 (*m*] $12^{m}.3$) sogar als noch viel kleiner an, nämlich zu 160 pc, was unseren Dichtewert auf

$$\varrho_{\text{red}} = 40 \text{ pc}^{-3}$$

erhöhen würde.

Im Gegensatz zur Assoziation in IC 348 kommen die Größen ϱ_{red} für die Dunkelgebiete in Taurus und nördlichem Orion im Mittel 26mal kleiner heraus als die mir relativ gut bestimmt erscheinenden Werte der mittleren Gruppe. Um wiederum die ersteren an die letzteren anzugleichen, müßten in diesem Fall die Entfernungen Δ etwa um den Faktor $\sqrt[3]{26} \approx 3$ verringert werden, genauer: auf 65 pc für die Taurus-Gegenden und 200 pc für die Assoziation Orion-Nord. Da die scheinbaren photographischen Entfernungsmoduli gesichert sind, hätte die photographische Absorption für beide Assoziationen einen Wert von etwa

$$A_{pg} \approx 4^{m}.0.$$

Dieser Betrag ist für die Gegenden 5^{25} $+12°$ und 4^{30} $+17°$ völlig unannehmbar. — Im dichtesten Teil der Taurus-Wolke kommen zwar Absorptionswerte vor, die an 4^{m} heranreichen [67], doch liegen alle in Betracht gezogenen T-Tauri-Sterne des Aggregats Taurus-Nord außerhalb dieses am stärksten verdunkelten Gebietes. Im übrigen wäre ein Farbexzeß von 1^{m} im internationalen System den Beobachtungen meines Erachtens nicht entgangen, trotz des Blauüberschusses in der Strahlung mancher T-Tauri-Veränderlicher.

Es scheint also vorläufig so, als ob wir damit zu rechnen haben, daß verschieden dichte Assoziationen existieren, lockere nach Art derjenigen in Taurus und nördlichem Orion, engere nach Art des Haufens im Großen Orion-Nebel. Eine mögliche Erklärung dieser Erscheinung unter dem Gesichtspunkt der Evolution der Sterne werden wir weiter unten geben.

b) Scheinbare Verteilung der veränderlichen Sterne geringer Leuchtkraft an der Sphäre

Die eben durchgeführten Betrachtungen ließen beiläufig erkennen, welch große Rolle anscheinend die interstellare Materie, insbesondere deren Staubkomponente, im Zusammenhang mit dem Phänomen der T-Assoziationen spielt. Diese Erkenntnis kann zu folgender Aussage präzisiert werden: Es gibt keine T-Assoziation, von der wir sicher wissen, daß sie nicht innerhalb oder am Rande einer Wolke interstellarer Materie liegt.

Da schon $^7/_8$ aller heute bekannten veränderlichen Sterne geringer Leuchtkraft in den acht in Tabelle D aufgeführten Aggregaten vereinigt sind, ergibt sich die Wahrscheinlichkeit W, daß ein Hauptreihenveränderlicher in einem dunklen oder hellen Nebel steht, roh zu

$$W \approx \frac{7}{8} = 0.88.$$

Wenn in der Untersuchung [5] Hoffmeisters seinerzeit diejenigen RW-Aurigae-Sterne als auffallend bezeichnet sind, deren Zusammenhang mit galaktischen Nebeln unbezweifelbar war, so ist es heute, möchte ich sagen, umgekehrt: Nachdem wir uns dazu entschlossen haben, alle Veränderlichen geringer Leuchtkraft (mit den eingangs erwähnten Ausnahmen) unter gleichen Gesichtspunkten zu betrachten, verdienen Sterne wie RZ Psc, die allem Anschein nach nicht mit interstellarer Materie verknüpft sind, unsere besondere Aufmerksamkeit.

Die enge Beziehung der betrachteten Objekte zu galaktischen Nebeln bringt es mit sich, daß diese Veränderlichen eine starke Konzentration zu dem durch die hellen B-Sterne (m] 5.25) definierten sogenannten Gouldschen Gürtel aufweisen, da auch die hellen und dunklen Nebel sich in der Hauptsache in dieser Zone befinden [76]. Der größte Durchmesser des durch den Gouldschen Gürtel bezeichneten flachen lokalen Systems beträgt rund 500 bis 1000 pc [76] [117], S. 236. Wir erwarten daher für Veränderliche mit Entfernungen $> \approx 400$ pc, das heißt mit scheinbaren Helligkeiten [≈ 13.0 pg für Spektraltypus G bis K, keine allzu strenge Konzentration zu diesem Gürtel mehr. In der Tat treten zwar in den sorgfältig abgesuchten Feldern des Sonneberger Planes, die entlang dem galaktischen Äquator und in milchstraßenfreier Gegend im Herkules angeordnet sind, außerhalb des Gouldschen Gürtels eine Anzahl schwacher RW-Aurigae-Sterne auf. Aber die Zahl der *hellen*, als RW-Aurigae-Sterne klassizifierten Objekte, die abseits dieses Gürtels liegen, ist sehr gering. Abgesehen von der Gruppe in CrA, die ebenfalls hierher gehört, sind diese Sterne sämtlich auf Sonneberger Platten entdeckt worden. — Die Tabelle F gibt alle Objekte, die im Maximum heller als $12^{m}5$ pg werden und bisher der Gruppe der RW-Aurigae-Sterne zugeordnet sind, und deren Abstand von der Mitte des Gouldschen Gürtels größer als 20° ist.

Nicht aufgenommen wurden Objekte wie ST Lyn, die schon in Tabelle A als nicht zugehörig bezeichnet sind.

Ergebnis: Bis jetzt sind nur

1. die Assoziation in Corona Austrina und
2. der Stern RZ Psc

Tabelle F

RW-Aurigae-Sterne heller als $12^m_.5$ im Maximum mit mehr als 20° Abstand vom Gouldschen Gürtel

Stern	Bemerkungen	Vermutl. Typus	Felderplan
S 4982 Cen	Lange Wellen [17]	μ Cep	
S 3752 Gem	Pg. Amplitude nur $0^m_.4$		
S 5150 Gru	$P = 103^d$ [77]	SR	
FO Her	$P = 86^d$ [78]	SR	+
PQ Her	Visuelle Amplitude nur $0^m_.4$		+
QT Her	Sehr rot	μ Cep ?	+
S 3576 Leo	$P = 0^d_.408$[124]	RR Lyr	+
RZ Psc	BO-Cephei-Art	(RW Aur)	
S 5072 Tel	$P = 0^d_.482$ [79]	RR Lyr	
Ass. CrA	Hauptreihenveränderliche	(RW Aur)	

Erklärung: In der letzten Spalte sind die in Felderplan-Feldern liegenden Sterne mit einem Kreuz (+) versehen. SR = halbregelmäßig, Riese.

als Hauptreihenveränderliche mit einem größeren Abstand als 20° von der Mitte der Zone der hellen OB-Sterne sicher anzusprechen.

Das Aggregat von veränderlichen Sternen geringer Leuchtkraft in CrA ist besonders bemerkenswert (Mitglieder: S, TY, R, DG, T, VV CrA). Bei der Häufung sowohl von Wolken interstellarer Materie wie auch von Hauptreihenveränderlichen längs des Gouldschen Gürtels wäre nach rein statistischen Gesichtspunkten beurteilt, ein Zusammentreffen beider kosmischen Objekte auch vom Standpunkt des Zufalls aus sehr wahrscheinlich. Die Assoziation in CrA bestätigt aber den physischen Zusammenhang: Sie ist die einzige bisher bekannte Gruppe mit viel mehr als 20° Abstand von der Mitte des Gouldschen Gürtels und liegt bei hellen Nebeln, die mit einer dichten Dunkelwolke verknüpft sind. Diese hellen Nebel sind, wie der Atlas Coeli [80] lehrt, ihrerseits die einzigen, die so weit abseits vom Zentrum der Zone der hellen OB-Sterne liegen. Folglich ist eine zufällig Koinzidenz von Veränderlichen und Nebeln in dieser Region beliebig unwahrscheinlich.

Hart am Rande dieser Zone der Sphäre befinden sich die T-Assoziationen in NGC 2264 und M 8. Doch stehen sie bereits jenseits des „Lokalen Systems", wie ihre großen Entfernungen ausweisen.

Vom Standpunkt der physischen Verbindung der Hauptreihenveränderlichen mit interstellarer Materie und untereinander ergibt sich als Zusammenfassung folgendes Schema mit Beispielen:

Form		A in Assoz.	B isoliert in Verbindg. mit Nebeln	C isoliert ohne Verbindg. mit Nebeln
BH Cep, T Ori	b	T Ori	CQ Tau	RZ Psc
RW Aur	a	UX Tau	BM And	—
Flackersterne	d	FH Tau (flash)	—	UV Ceti (flare)

Es sei betont, daß RZ Psc der einzige seiner Art ist (Form b, Spalte C) und daß auch die Spalte B sehr wenig Mitglieder zählt. Nach allen bisherigen Erfahrungen halte ich es für durchaus möglich, daß die Spalte B getilgt werden muß, wenn weitere Beobachtungen und neue Absuchungen nach schwachen T-Tauri-Sternen erfolgt sind. Wir müssen andererseits beachten, daß in Spalte A einige Objekte vorkommen, die offenbar nicht direkt mit interstellarer Materie verbunden erscheinen. So projiziert sich selbst RW Aur auf eine auch auf dem Palomar-Atlas völlig nebelfrei erscheinende Stelle, genau wie RZ Psc.

c) Die Flackersterne

In dem oben angegebenen Schema wurden nun auch die Flackersterne mit aufgenommen. Im Gegensatz zu den Formen a und b zeigen sie zweifelsfrei das Nebeneinander einer isotrop an der Sphäre verteilten Art (UV Ceti) einerseits und einer nur innerhalb von T-Assoziationen vorkommenden Gruppe auf der anderen Seite. Die folgenden Zusammenstellungen werden zeigen, daß sich diese beiden Typen nicht nur in bezug auf ihre Stellung im Raum, sondern auch in ihrer Lage im Russell-Diagramm wesentlich unterscheiden.

α) Für acht endgültig benannte UV-Ceti-Sterne kennen wir trigonometrische Parallaxen π, so daß wir absolute visuelle Helligkeiten des Normallichtes bestimmen können (siehe auch [81]):

Stern	π	M_V	Sp.	
UV Cet	$0\overset{''}{.}410$	16.1	dM6e	
YZ CMi	0.146	12.4	dM4.5e	
AD Leo	0.211	11.1	dM4e	
WX UMa	0.173	16.0	dM5.5e	
V 645 Cen	0.761	15.4	dM5e	
DO Cep	0.249	13.4	dM5e	
EV Lac	0.198	11.7	dM5e	
EQ Peg A	0.144	11.1	dM4e	
B		13.6	dM5.5e	
Mittelwerte		13.4	dM5e	
Normaler Stern		13.0	dM5e	[4], Tabelle 14

Dagegen erhalten wir für die Flackersterne in der T-Assoziation Taurus-Nord [82] unter der Annahme eines scheinbaren pg. Entfernungsmoduls von $7\overset{m}{.}0$:

Stern	M_{pg}	Sp.	
EY Tau	9.5	dM5e:	
EZ	10.4	dM5e:	
FF	8.8	dM0.5	
FG	10.3	dM5:	
FH	8.9	dM4.5e	
FI	10.5	dM5:	
FK	10.8	dM6e:	
Mittelwerte	9.9	dM4.5e	
Normaler Stern	14.0	dM4.5e	[4], Tabelle 14

Dieses Resultat wird bestätigt durch den Befund an den Flackersternen der T-Assoziation in M 42 [83], [84]; scheinbarer pg. Entfernungsmodul $9^m_.2$:

Stern	M_{pg}	Sp.	
V 383 Ori	7.7	spät dK	
V 384	7.6	dK6e	
V 385	8.4	spät dK	
V 386	8.1	spät dK	
V 389	7.1	dK6e	
V 390	8.1	spät dKe	
V 391	8.2	spät dKe	
V 393	7.6	dK6:e	
Mittelwerte	7.8	dK8e	
Normaler Stern	9.6	dK8e	[4], Tabelle 14

Ergebnis: Die Flackersterne in T-Assoziationen liegen im Russell-Diagramm wie die übrigen T-Tauri-Sterne über der Hauptreihe, und zwar um

$1^m_.8$ pg bei K8 (M 42) und
4.1 pg bei M4.5 (Taurus-Nord).

Dagegen besitzen die UV-Ceti-Sterne des allgemeinen Feldes annähernd die normale absolute Helligkeit von Zwergsternen des betreffenden Spektraltypus.

β) Nachdem diese Erscheinung festgestellt ist, erhebt sich sofort die wesentliche Frage: Welches Phänomen ist für die abnorme Leuchtkraft der Objekte vom Typus FH Tauri verantwortlich, die Bindung an eine Assoziation (kosmogonische Ursache) oder die Lage in Wolken interstellarer Materie (physikalische Ursache)? Wie aus dem Schema am Ende von Abschnitt b) hervorgeht, kennen wir keinen Flackerstern, der mit Sicherheit in einem dunklen oder hellen Nebel steht, ohne einer Assoziation anzugehören.

Ein zunächst etwas zweifelhafter Fall war V 371 Ori, der sich auf eine Orion-Dunkelwolke projiziert; sein Spektraltypus ist dM3e, seine Parallaxe aber unbekannt.

G. Richter bestimmte freundlicherweise auf Heidelberger Bruce-Platten einen genauen Wert für die absolute jährliche Eigenbewegung dieses Sterns [85]. Er fand

$$\left.\begin{aligned}\mu_\alpha &= -0''.253\\ \mu_\delta &= -0''.129\end{aligned}\right\}\qquad \mu = 0''.284.$$

Bei einer scheinbaren Helligkeit von $12^m_.8$ pg erhält man die folgenden Werte, je nachdem, ob man eine normale (I) oder eine überhöhte (II) Leuchtkraft annimmt:

	I $M_{pg} = 11^m_.8$	II $M_{pg} = 7^m_.8$
$m-M$	$1^m_.0$	$5^m_.0$
Δ	16 pc	100 pc
Tangentialgeschwindigkeit t	21.6 kms^{-1}	135 kms^{-1}

Wie zu erwarten, kommt im Falle II eine unangenehm große Tangentialgeschwindigkeit relativ zur Sonne heraus. Wir ziehen daraus den Schluß, daß dem Fall I der

Vorzug zu geben ist, d. h. daß auch V 371 Ori ein Flackerstern des allgemeinen Feldes mit normaler Leuchtkraft ist, der sich nur zufällig auf besagtes Dunkelgebiet projiziert.

Wir können also die oben gestellte Frage nach dem Ursprung der Überhöhung der Leuchtkraft bei den „flash-Sternen" heute noch nicht hypothesenfrei beantworten.

Die fehlende galaktische Konzentration der UV-Ceti-Sterne erklärt sich natürlich aus ihrer sehr kleinen Distanz von der Sonne: Aus der ersten Tabelle in Abschnitt c α) entnimmt man, daß alle dort verzeichneten Objekte mit bekannter trigonometrischer Parallaxe eine geringere Entfernung als 7 pc besitzen. (Außer einer Anzahl verdächtiger Objekte [86] kennen wir zur Zeit nur noch zwei weitere UV-Ceti-Sterne, den schon erwähnten V 371 Ori und V 1216 Sgr (dM4.5e).) Wir verfügen aber, eben dank der geringen Entfernungen, über eine relativ große Anzahl gut bestimmter Eigenbewegungs- (und Radialgeschwindigkeits-) Werte von dMe-Sternen, deren von verschiedenen Autoren durchgeführte Diskussion (siehe Abschnitt VI c) zweifelsfrei ergibt, daß es sich bei diesen Objekten, einschließlich der Flackersterne, um Angehörige der „flachen Komponente" unseres Sternsystems handelt.

d) Populationsfragen

α) Es erübrigt sich fast, hinsichtlich der Zugehörigkeit der veränderlichen Sterne geringer Leuchtkraft zu einer der Hauptpopulationen hier weitere Erörterungen anzustellen. In der Tat lassen allein schon die scheinbare Verteilung der Objekte am Himmel, die völlig identisch mit derjenigen der (nahen) OB-Sterne und Dunkelwolken ist, und bei den UV-Ceti-Sternen die geringe Streuung der z-Komponente der Raumgeschwindigkeit, den Schluß zu, daß es sich um Objekte einer reinen Population I handelt. Diesen Satz möchte ich zu folgender Behauptung verschärfen: Es ist kein irregulärer Hauptreihenveränderlicher bekannt, den wir zwingend der Population II zuzuordnen hätten.

β) Als Gegenbeispiel wird von Ambarzumian und seinen Mitarbeitern der Stern AG Dra angeführt ([87], S. 31). Man bezeichnete ihn als vorerst einzigen Vertreter einer speziellen Unterart der T-Tauri-Sterne, die zur „sphärischen Komponente" (Population II) gehöre, was man aus der hohen galaktischen Breite (41°) und der hohen Radialgeschwindigkeit (-140 kms^{-1}) ersehe. Die im Spektrum neben dem intensiven blauen Kontinuum und den starken Wasserstoff-Emissionen sichtbare Emission He II 4686 unterscheide den Stern von „gewöhnlichen, in Assoziationen anzutreffenden T-Tauri-Sternen".

Wir gehen ausführlich auf diesen Fall ein, weil an die eben geschilderten Feststellungen von den Autoren eine sehr weittragende Folgerung geknüpft wird, nämlich die, es sei mit dem Vorhandensein des so beschriebenen Objektes erwiesen, daß auch in der Population II laufend Sterne neu entstehen (da die T-Tauri-Sterne als sehr junge Objekte betrachtet werden, siehe unten).

Ich habe den Lichtwechsel des Sternes auf Sonneberger Platten untersucht [88], um diesen gänzlich unerwarteten Sachverhalt aufzuklären. Die Beobachtungen bestätigen völlig die Vermutung, die nach der Beschreibung des Spektrums durch Roman [89] sehr nahe lag, daß es sich nämlich bei dem Objekt mit Sicherheit um einen „symbiotischen Stern" nach der Art von Z And oder AX Per handelt. Dem Argument, das Fehlen verbotener Emissionen führe diese Klassifikation ad absurdum, kann leicht durch den Hinweis begegnet werden, daß der „Hauptstern" im Falle AG

Dra vom Spektraltypus gG ist, also wahrscheinlich wesentlich weniger dazu neigt, eine extrem ausgedehnte Hülle auszubilden, als die gM-„Hauptsterne" bei Z And und AX Per. Was nun die hohe Radialgeschwindigkeit anbelangt, so ist sie geradezu ein Beweis für die Zugehörigkeit zum Z-Andromedae-Typus. Denn sowohl bei Z And selbst als auch bei AX Per — diese beiden Objekte gleichen im photometrischen Verhalten völlig dem Stern AG Dra — wurden hohe negative Radialgeschwindigkeiten beobachtet, nämlich —70 kms^{-1} im ersten und —110 kms^{-1} im zweiten Fall (siehe etwa [90]). Ähnliches gilt offenbar für den von GREENSTEIN zu der „runaway population I" gerechneten symbiotischen Stern 603 des Mt. Wilson-Kataloges [91], Spektrum gM + Op + e + [e] [92].

Es muß meines Erachtens gegenwärtig offen bleiben, ob die Veränderlichen vom Typus Z Andromedae mit hoher Radialgeschwindigkeit in Verallgemeinerung der GREENSTEINschen Idee einer jungen Population I zuzuzählen sind, ob sie der normalen Population II angehören oder ob etwa die beobachteten Geschwindigkeitswerte gar nicht dynamischen, sondern durchaus stellaren Ursprungs sind. Auf keinen Fall aber besteht Veranlassung, eine Verknüpfung der ersten und zweiten Möglichkeit vorzunehmen und die Objekte als zwar jung, aber als trotzdem der Population II zugehörig zu betrachten.

VI. Bewegungsverhältnisse

a) Allgemeines

Wir sind im vorigen Abschnitt V schon an verschiedenen Stellen zu einer kurzen Betrachtung gewisser Bewegungseigenschaften eines Teiles der hier behandelten Hauptreihenveränderlichen geführt worden. Neben der in V c β) und V d α) erwähnten und unten kurz zu beschreibenden Diskussion der Raumbewegung der dMe-Sterne haben sich bisher allerdings nur zwei Arbeiten [93], [125] mit Bewegungsverhältnissen von RW-Aurigae-Sternen befaßt. Wir erwähnen besonders diejenige URANOWAS [93] zur Ableitung säkularer Parallaxen.

Die physische Zusammengehörigkeit der Mitglieder solch enger Aggregate wie derjenigen in M 42 oder NGC 2264 ist völlig gesichert. Bezüglich der losen Gruppen wie etwa derjenigen in den Taurus-Auriga-Dunkelwolken könnten schon eher Zweifel kommen. Das Argument, die dort vorgefundenen Objekte seien durch zufällige Bewegung in die Wolken eingedrungen und hätten dann erst die Charakteristika der T-Tauri-Sterne ausgebildet, ist zunächst nicht ganz von der Hand zu weisen. Schon damit in dieser Frage eine endgültige Entscheidung getroffen werden könnte, muß versucht werden, Eigenbewegungen in dem uns am nächsten liegenden losen Aggregat zu bestimmen.

Zweitens ist eine Untersuchung, ob man von den zerstreut oder in lockeren Gruppen anzutreffenden Hauptreihenveränderlichen mit einer nach Größe und Richtung zufälligen Verteilung der pekuliaren Eigenbewegungen zu rechnen hat oder nicht, von entscheidender Bedeutung für die Ableitung säkularer Parallaxen: Eine solche Entfernungsbestimmung ist in der Arbeit [93] vorgenommen; die resultierenden großen absoluten Helligkeiten für das Mittel einer Anzahl von RW-Aurigae-Sternen steht jedoch in grundsätzlichem Widerspruch zu den im vorliegenden Text erhaltenen Ergebnissen, so daß eine kritische Überprüfung der in jener Arbeit zugrunde liegenden Voraussetzungen notwendig wurde, sowohl hinsichtlich der Auswahl der Sterne als auch in bezug auf die Verteilung der Pekuliarbewegungen.

b) Eigenbewegungen und Säkulare Parallaxen

α) Die folgende Zusammenstellung enthält, mit Bemerkungen versehen, die in der Arbeit URANOWAS verwandten 17 Sterne:

Stern	Bemerkung	Stern	Bemerkung
RW Aur	Doppelstern, d = 1.″2	CO Ori	
UY Aur	Doppelstern	GW Ori	
RY Tau		265-3 Ori	
RR Tau	mit lokalem Nebel	R Mon	mit lokalem Nebel
CT Tau		BM And	
CQ Tau		V 622 Aql	
T Tau	mit lokalem Nebel	V 733 Aql	δ-Cep-Stern
UX Tau	Doppelstern, d = 5.″7	HK Aql	Riese K5 III
		BQ Ser	Riese F5 III

Aus den Komponenten in α und δ der absoluten Eigenbewegung (EB), $\mu_\alpha \cos\delta$ und μ_δ, wurden auf die übliche Weise unter der Voraussetzung der zufälligen Verteilung der Pekuliarbewegungen mittlere säkulare Parallaxen nach den Formeln

$$\overline{\left(\frac{1}{\Delta_v}\right)} = \overline{\pi_v} = \frac{4.74\,\overline{v \sin\lambda}}{V_\odot \sin^2\lambda}\,, \qquad \overline{\pi_\tau} = 4.74\,\frac{\overline{|\tau|}}{\overline{|Vr'|}}$$

berechnet.

Hierin ist

$v \;= \mu \cos(\varphi - \psi)$,

$\tau \;= \mu \sin(\varphi - \psi)$,

$\mu \;= \sqrt{\mu_\alpha^2 \cos^2\delta + \mu_\delta^2}$,

$\varphi \;= \operatorname{arc\,tg} \dfrac{\mu_\alpha \cos\delta}{\mu_\delta}$,

ψ Positionswinkel der parallaktischen Bewegung,

λ Abstand des Apex vom Stern,

V'_r radiale Komponente der Raumbewegung des Sterns,

$V'_\odot$ Geschwindigkeit der Sonne bezogen auf den Local Standard of Rest.

ψ und φ werden von Norden über Osten gezählt, und zwar bis zu dem Teil des Großkreises Stern-Apex (-Antapex), der den Stern mit dem Antapex verbindet.

Unter Mitnahme aller 17 Sterne erhält URANOWA

$$\overline{\pi_v} = 0.''00166 \qquad , \qquad \overline{\pi_\tau} = 0.''00144$$

und als endgültigen Mittelwert

$$\overline{\pi} = 0.''00147 \pm 0.''00029 \text{ m.F.}$$

Es wird gefolgert, daß die mittlere Entfernung

$$\overline{\Delta} \approx 680 \text{ pc}$$

und die mittlere absolute Helligkeit

$$\overline{M}_{pg} = +2.^m1 \pm 2^m \quad (-1 < M_{pg} < +5)$$

beträgt.

Der Autorin fällt der Widerspruch zu den auf rohen Abschätzungen beruhenden Ergebnissen CHOLOPOWS auf, der größenordnungsmäßig $\overline{\Delta} = 100$ pc und $\overline{M} = 6^m$ erhielt [57]. Zwecks Illustrierung dieser Tatsache und einer gewissen Festigung der eigenen Ergebnisse berechnete URANOWA unter Voraussetzung der geringen Entfernungen den motus peculiarus v' der Komponenten v in Richtung Antapex, nämlich

$$v' = v - p,$$

wo

$$p = \frac{1}{4.74} \cdot \frac{1}{\Delta} V_{\odot} \sin\lambda \qquad ([\Delta] = \text{pc},\ V_{\odot} = 19.5\ \text{kms}^{-1})$$

den motus parallacticus, das Spiegelbild der Sonnenbewegung, darstellt. Es ist klar, daß die v'-Werte überwiegend negativ herauskommen (zwei Ausnahmen, MH_α 265—3 und R Mon), und zwar ist dies der Fall sowohl für die Sterne der Gegend Aur-Tau-Ori (Wintermilchstraße) als auch für die Objekte in Aql-Ser (Sommermilchstraße). Daraus folgt eine scheinbar bevorzugte Pekuliarbewegung der betrachteten Sterne in Richtung Apex, ein Effekt, dessen Realität als sehr unwahrscheinlich angesehen wird, so daß der großen Entfernung $\Delta = 680$ pc von der Autorin der Vorzug gegeben wird.

Wir wollen zeigen, daß dieses Ergebnis nicht reell ist, und zwar aus drei Gründen:

1. Drei der vier Objekte der Sommermilchstraße sind fälschlich hinzugezogene Riesensterne.
2. Die Mehrzahl der zwölf Veränderlichen der Wintermilchstraße gehören einer physischen Gruppe mit gemeinsamer Pekuliarbewegung an.
3. Die verwandten Radialgeschwindigkeiten V_r' sind nicht kinematischen Ursprungs.

Betrachten wir in den Abschnitten β), γ) und δ) diese drei Punkte.

β) Die folgenden drei Sterne der Region Aql-Ser sind in der Tabelle B, Abschnitt IVa) als nicht zugehörige Riesensterne aufgeführt:

Stern	Sp.	M_{pg}	$\overline{m}_{pg}$	Δ	v	p^*	$v^{*\prime}$
V 733 Aql	G0Ib	—3.6	11.1	8700 pc	+0.″001	0.″000	+0.″001
HK Aql	K5III	+1.4	10.6	700	—0.008	0.002	—0.010
BQ Ser	F5III	+1.1	11.4	1150	+0.008	0.001	+0.007

Die in der Aufstellung verzeichneten parallaktischen Bewegungen

$$p^* = \frac{1}{4.74} \cdot \frac{1}{\Delta} \cdot V_{\odot} \sin\lambda$$

wurden unter Benutzung der daselbst angegebenen (wegen Absorption nicht korrigierten) rohen Entfernungswerte Δ von v in Abzug gebracht, und die neuen

$$v^{*\prime} = v - p^*$$

zeigen regellose Verteilung, was uns aber hier nicht weiter interessiert. Als echte RW-Aurigae-Sterne verbleiben außerhalb der Wintermilchstraße nur noch zwei Objekte, V 622 Aql ($v' = -0.''015$) und BM And ($v' = 0.''000$), so daß die Verteilung der v' und ein Überwiegen negativer Werte in der Sommermilchstraße nicht mehr debattiert werden kann.

γ) Freilich bleibt das starke Vorherrschen negativer Pekuliarbewegungen im Gebiet Aur-Tau-Ori zunächst noch ungeklärt. Nach unseren eigenen Untersuchungen betrachten wir ja die geringen von URANOWA bei der Berechnung von v' für den Augenblick zugrundegelegten Entfernungen und Leuchtkräfte wenigstens annähernd als korrekt. Es gibt eine triviale Erklärung: Die Mehrzahl der betrachteten Objekte besitzt eine gemeinsame Pekuliarbewegung mit zufällig merklicher Komponente $v' < 0$ in Richtung Standard-Apex. Diese Deutung ist umso plausibler, als wahrscheinlich nur RR Tau, CT Tau und R Mon der Taurus-Assoziation mit $\Delta = 170$ pc nicht angehören, alle anderen Objekte aber physisch assoziiert sind.

Für diese letzteren (Aur: RW, UY; Tau: RY, CQ, T, UX; Ori: CO, GW, MH_α 265—3) erhält man im Mittel (aus [93], Tabelle 8)

$$\overline{v'} = -0\overset{''}{.}029.$$

Reduziert man am angegebenen Ort die Einzelwerte p der aufgezählten Sterne auf die einheitliche Entfernung $\Delta = 170$ pc, so erhält man den gleichen Wert für v'.

Zur Klärung der Kinematik der Taurus-Nord-Assoziation wurde auf Heidelberger Bruce-Platten die absolute EB von 33 T-Tauri-Sternen dieses Aggregats bestimmt.

Die Platten der ersten Epoche stammen von M. WOLF; die der zweiten Epoche habe ich 1957 aufgenommen, so daß die folgenden drei Plattenpaare der Gegend mit einer mittleren Epochendifferenz von 46.6a vorliegen:

Zentrum	Nr.	Datum	Bel.-Mitte WZ	Epochendiff. Δt
I 0°8 E 72 Tau	B 1116	1904 Nov. 15	0^{11}	
	7819	1957 Okt. 5	3^{08}	53.9a
II 0°8 E χ Tau	4439	1920 Nov. 10	1^{07}	
	7817	1957 Okt. 4	3^{10}	36.9
III 0°6 E ψ Tau	2221	1909 Jan. 25	20^{20}	
	7913	1957 Dez. 26	20^{20}	48.9

Pro Plattenpaar wurden 36 Vergleichsterne an Hand der Arbeiten ADOLFSSONS [67] so ausgewählt, daß sie nicht in verdunkelte Gebiete fallen (Absorpt. $\leq 0\overset{m}{.}5$); ihre Helligkeit betrug im Mittel $15\overset{m}{.}0$ pg. Die Differenzen (späte Epoche minus frühe Epoche) der mit Hilfe des neuen Koordinatenmeßapparates (Zeiß Jena) bestimmten x- und y-Koordinaten der Vergleichsterne wurden in der üblichen Weise [94] unter Mitnahme quadratischer Koordinatenglieder mittels der Formeln

$$v_x = -\Delta x + z_1 + z_2 x + z_3 y + z_4 xy + z_5 x^2 + z_6 y^2$$

$$v_y = -\Delta y + \zeta_1 + \zeta_2 x + \zeta_3 y + \zeta_4 xy + \zeta_5 x^2 + \zeta_6 y^2$$

so ausgeglichen, daß Σv_x^2 und Σv_y^2 minimal wurden, und alsdann die Reste v_x und v_y der gemessenen T-Tauri-Sterne mit Hilfe der nun bekannten Konstanten z_i und ζ_i ausgerechnet. Die jährliche EB ergab sich hieraus in Form der α- und δ-Komponenten nach den Gleichungen

$$\mu_\alpha \cos\delta = -v_x \cdot \frac{101\overset{''}{.}7}{\Delta t} + \Delta\mu_\alpha \cos\delta$$

$$\mu_\delta = -v_y \cdot \frac{101\overset{''}{.}7}{\Delta t} + \Delta\mu_\delta\,,$$

wo $\Delta\mu_\alpha \cos\delta$ und $\Delta\mu_\delta$ die Reduktion von relativer auf absolute EB nach PARENAGO [95] und der Faktor $101''.7$ die Umwandlung der gemessenen mm in Bogensekunden bewirken. Es ist

$$\begin{aligned}\Delta\mu_\alpha \cos\delta &= +\,0''.002 \\ \Delta\mu_\delta &= -\,0''.005\end{aligned} \quad (\mathrm{I,\ II})\ \text{bzw.} \quad \begin{aligned}&+\,0''.002 \\ &-\,0''.003\end{aligned} \quad (\mathrm{III})\,.$$

Der mittlere Fehler der obigen Ausgleichungen beträgt durchschnittlich

$$m_{x,y} = \pm\sqrt{\frac{[vv]}{36-6}} = \pm\ 0.008\ \mathrm{mm} \mathrel{\hat{=}} \pm\ 0''.018\ \text{pro Jahr}$$

(enthaltend die EB der Vergleichsterne), der von der EB der Vergleichsterne befreite mittlere Fehler eines Δx- oder Δy-Wertes, gemittelt über Lage auf der Platte und Helligkeit, für Bruce-Platten

$$m_0 = \pm\ 0.004\ \mathrm{mm} \quad [96].$$

Die Tabelle G enthält die Ergebnisse für die 33 vermessenen T-Tauri-Sterne. Es sei darauf aufmerksam gemacht, daß wegen der den Messungen auf Bruce-Platten allgemein anhaftenden hohen mittleren Fehler (siehe $m_{x,y}$ und m_0) den angegebenen EB-Einzelwerten keine Bedeutung zukommt. — In der Spalte 6 der Tabelle sind diejenigen Plattenpaare verzeichnet, die zur Ableitung der μ_α und μ_δ gedient haben, und die Gewichte P (Spalte 7) richten sich nach den in den „Bemerkungen“ (Spalte 8) gemachten Hinweisen.

Im Gegensatz zu den Einzelwerten halte ich jedoch die Mittelwerte $\overline{\mu_\alpha \cos\delta}$ und $\overline{\mu_\delta}$ aus den jeweils 33 Einzelwerten für gut gesichert, zumal die Benutzung dreier Plattenpaare mit gänzlich verschiedenen Zentren eine Sicherung gegen systematische Fehler bietet. Unter Berücksichtigung der Gewichte P ist

$$\begin{aligned}\overline{\mu_\alpha \cos\delta} &= +\,0''.0043 \\ \overline{\mu_\delta} &= +\,0.0085\end{aligned} \ \pm\ 0''.0025 \quad \text{m.F.d.M.},$$
$$\mu_s = 0.0095,$$
$$\varphi_s = 27^\circ,$$

wobei der Index s für „Schwerpunkt im EB-Diagramm“ (Abb. 7) steht:

$$\mu_s = \sqrt{\overline{\mu_\alpha \cos\delta}^2 + \overline{\mu_\delta}^2}\,, \qquad \varphi_s = \operatorname{arc\,tg} \frac{\overline{\mu_\alpha \cos\delta}}{\overline{\mu_\delta}}\,.$$

Wir nähern uns nun dem Punkt, wo wir einen Vergleich unserer Ergebnisse mit denjenigen URANOWAS anstellen können.

Wir benutzen als Elemente der Sonnenbewegung in bezug auf den Local Standard of Rest diejenigen der Nomogramme von HILL und PEARCE [97], die auch URANOWA verwandt hat, nämlich

$$\alpha_{\mathrm{Apex}} = 271^\circ$$

und $\quad \delta_{\mathrm{Apex}} = +\ 28^\circ$

sowie $\quad V_\odot = 19.5\ \mathrm{kms}^{-1}$,

und haben $\quad \psi = 155^\circ$

$$\lambda = 123^\circ$$

für den geometrischen Schwerpunkt der behandelten 33 T-Tauri-Sterne ($\alpha_{\mathrm{T}} = 67^\circ$, $\delta_{\mathrm{T}} = +25^\circ$).

Tabelle G
EB des Taurus-Nord-Aggregates

Stern	$\mu_a \cos\delta$	μ_δ	μ	φ	Paar	P	Bemerkung
CW Tauri	+0.″004	+0.″012	0.″013	18.°4	III	1	
SVS 1074	+ 21	+ 22	30	43.7	III	1	
CY	+ 19	+ 5	20	75.3	III	1	
CZ	+ 21	+ 7	22	71.6	III	1	
DD	+ 10	+ 24	26	22.6	III	1	
BP	+ 29	+ 18	34	58.2	III	1	
DE	— 20	+ 20	28	— 45.0	II	1	außerhalb des Feldes
DI	+ 13	+ 9	16	55.3	II	1	
DH	+ 24	+ 1	24	87.6	II	1	
DG	— 12	— 8	14	236.3	II	1	
DF	+ 13	+ 20	24	33.0	II	1	
DK	+ 10	+ 1	10	84.3	II	1	
DL	+ 14	+ 24	28	30.3	I, II	1	
SVS 1085	— 14	+ 56	58	— 14.0	II	½	ganz unsicher
AA	+ 3	— 6	7	153.4	I, II	1	schwierig (I)
DN	— 28	— 0	28	— 90.0	I, II	½	schwierig (I), sehr unsicher (II)
CI	— 11	+ 3	11	— 74.7	I	1	
CX	+ 2	+ 30	30	3.8	III	1	
SVS 1073	— 15	+ 24	28	— 32.0	III		
RY	+ 21	+ 12	24	60.2	III	1	
UZ	— 26	+ 3	26	— 83.4	II	1	Doppelstern
ZZ	— 3	+ 12	12	— 14.0	I, II	2	
Haro 1	+ 10	+ 20	22	26.6	III	1	
2	+ 10	+ 20	22	26.6	III	1	
3	— 6	— 22	23	195.5	III	½	gestört
6	— 5	+ 0	5	— 90.0	I. II	1	sehr schwach (II)
8	— 4	+ 1	4	— 76.0	III	1	
11	— 4	+ 4	5	— 45.0	I, II	2	
12	+ 4	— 7	8	150.2	I, II	1	fraglich (I), sehr schwach (II)
20	— 5	— 1	5	258.5	I, II	1	sehr unsicher (II)
21	+ 11	— 2	11	190.3	I, II	2	
22	+ 17	— 2	17	186.7	I, II	2	
27	+ 4	+ 6	7	33.7	I	1	
Σ	+0.152	+0.301				35½	$n = 33$
Mittel	+0.0043	+0.0085					

Alsdann ergeben sich (siehe Diagramm Abb. 7) für den EB-Schwerpunkt

$$\tau_s = \mu_s \sin(\varphi_s - \psi) = -0.''0075,$$
$$v_s = \mu_s \cos(\varphi_s - \psi) = -0.''0059$$

und endlich die mittels der Komponenten der parallaktischen Bewegung ($\Delta = 170$ pc)

$$p_a = \frac{1}{4.74} \cdot \frac{1}{\Delta} \cdot V_\odot \sin\lambda \sin\psi = +0.''0086,$$

$$p_\delta = \frac{1}{4.74} \cdot \frac{1}{\Delta} \cdot V_\odot \sin\lambda \cos\psi = -0.''0185,$$

$$p = 0.''0204$$

auf den Local Standard of Rest bezogenen Werte

$$\begin{aligned} \overline{\mu'_\alpha \cos\delta} &= \overline{\mu_\alpha \cos\delta} - p_\alpha = -0\overset{''}{.}0043 \\ \overline{\mu'_\delta} &= \overline{\mu_\delta} - p_\delta = +0\overset{''}{.}0270 \\ v'_s &= v_s - p. = -0.0263. \end{aligned} \qquad \pm 0\overset{''}{.}0025 \text{ m.F.}$$

Das letztere ist nahe der gleiche Wert wie derjenige für die entsprechenden neun Sterne, den wir am Anfang dieses Abschnittes γ) aus dem Material URANOWAS abgeleitet hatten,

$$\overline{v'} = -0\overset{''}{.}029.$$

Die oben gegebene Erklärung für das in der zitierten Arbeit auffallende Vorherrschen negativer Werte des motus peculiaris im Gebiet Aur-Tau-Ori ist somit bestätigt: In der Tat besitzen die Mitglieder der Assoziation Taurus-Nord, wie zu erwarten, eine gemeinsame Pekuliarbewegung, die durch die Komponenten $\tau_s \neq 0$ und $v'_s < 0$ beschrieben wird.

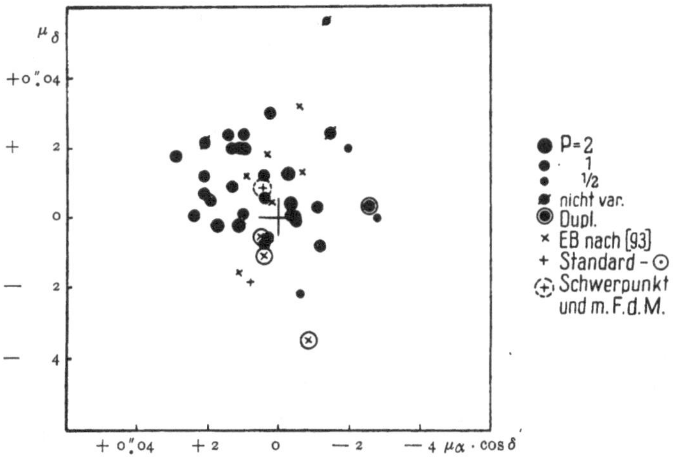

Abb. 7. EB-Diagramm der Veränderlichen in der Assoziation Taurus-Nord.

Um andere Möglichkeiten der Deutung unserer EB-Verteilung auszuschließen, müssen wir noch zeigen, daß unter den gegebenen Verhältnissen keine Verringerung der durch die scheinbare Helligkeit $m_{pg} = 15^{m}0$ festgelegten Distanz der Vergleichsterne bei Annahme regelloser Bewegungen der EB-Sterne einen genügend großen negativen v_s-Wert erzeugen kann:

Um die Verhältnisse extrem zu gestalten, nehmen wir für den Augenblick an, daß sich die gemessenen T-Tauri-Sterne mit regelloser Bewegung in derartig großer Entfernung befinden, daß ihre säkulare Parallaxe

$$\overline{\pi_v} = 4.74 \frac{\overline{v}}{V_\odot \sin\lambda} \approx 0,$$

also auch ihr mittlerer motus parallacticus

$$\overline{v} \approx 0$$

ist.

Da die Vergleichsterne per definitionem eine regellose Pekuliarbewegung besitzen müssen, wäre ihre säkulare Parallaxe

$$\pi_v = -4.74 \frac{v_s}{V_\odot \sin\lambda} = 0\overset{''}{.}0017.$$

Der Wert gehört nach den Tabellen PARENAGOS [95] etwa zu Sternen mit $m = 12^m$ pg. Das heißt: Die von uns benutzten Vergleichsterne würden, wenn die Verhältnisse so lägen wie eben geschildert, eine Absorption von 3^m erleiden, da sie die scheinbare Helligkeit $15\overset{m}{.}0$ pg besitzen. Dies kann aber nach den Ergebnissen ADOLFSSONS [67] und nach dem Augenschein nicht der Fall sein, zumal der errechnete Absorptionswert ein Minimum darstellt, da die EB-Sterne (T-Tauri-Sterne) gewiß nicht im Unendlichen stehen.

Ein weiterer Widerspruch zu der Annahme regelloser Bewegung der EB-Sterne ist übrigens, daß

$$\tau_s \neq 0$$

gefunden wird. Hierauf brauchen wir aber nicht näher einzugehen.

Ergebnis: Die Methode der säkularen Parallaxen, die in [93] zur Bestimmung der mittleren Entfernungen und Leuchtkräfte einer Anzahl RW-Aurigae-Sterne benutzt wurde, gibt fehlerhafte Resultate, da die Annahme regelloser Bewegungen in bezug auf den Local Standard of Rest, das heißt die Voraussetzung:

$$\text{Erwartungswert} \quad \mathfrak{E}(t_v) = V_\odot \sin\lambda$$

für Sterngruppen eines engen Areals, nicht erfüllt ist. t_v ist hierbei die auf die v-Richtung projizierte Komponente der Raumgeschwindigkeit relativ zur Sonne (in kms^{-1}).

δ) Die eben zusammengefaßten kritischen Bemerkungen gelten nun nicht nur für π_v, sondern in analoger Weise für π_τ, da bei der Berechnung von π_τ die Voraussetzung

$$\mathfrak{E}(t_\tau) = 0, \text{ das heißt}$$

$$\tau_s \approx 0$$

gemacht wird, die ebenfalls nicht erfüllt ist. Trotzdem soll kurz auf die Bestimmung von

$$\overline{\pi_\tau} = 4.74 \frac{\overline{|\tau|}}{\overline{|V'_r|}}$$

eingegangen werden, da auch die Verwendung der radialen Komponenten V'_r starker Kritik unterworfen ist. Die Größe V'_r wird am angegebenen Ort wahrscheinlich in Anlehnung an die Formel

$$\mathfrak{E}(|t_\tau|) = \sqrt{\frac{2}{\pi}} \cdot \sigma_\tau$$

(siehe etwa [98], S. 345) aus einem Streuungswert σ berechnet, der aus den Radialgeschwindigkeitsdaten von JOY [49], [50] abgeleitet wird:

$$\overline{|V'_r|} = \sigma = 20 \text{ kms}^{-1}.$$

Die zugrundeliegende Annahme, daß diese Radialgeschwindigkeiten kinematischen Ursprungs sind, ist jedoch in keiner Weise gerechtfertigt. Es ist mir überhaupt nicht klar, wie man leicht entscheiden kann, welcher Teil einer in Betracht gezogenen Linie des Spektrums (bestehend aus Emissions- und Absorptionskomponenten) in bezug auf den Schwerpunkt des unterliegenden Sterns die ruhende Schicht anzeigt. Als

Beispiel für die Kompliziertheit der Linienprofile seien die an RW Aur gemessenen Radialgeschwindigkeiten V_r angeführt [49]:

	Metall-L.		H + CaII		
	Em.	Abs.	Em. (viol.)	Em. (rot)	Abs.
V_r (Mittel)	—25	+59	—166	+125	—5 kms^{-1}

Unter diesen Gesichtspunkten betrachtet, erscheint mir, um zum Schluß dieser Diskussion zu kommen, die nahe Übereinstimmung des π_τ-Wertes mit π_v als rein zufällig, jedenfalls nicht beweiskräftig.

Damit betrachte ich es als erwiesen, daß das Ergebnis Uranowas, die von ihr behandelten Objekte seien Riesensterne, nicht reell ist. Zu einem ähnlichen Ergebnis kommt Artiuchina [125] in einem nach Abschluß dieser Arbeit publizierten Artikel. Leider schließt auch diese Autorin in ihre Betrachtungen einen hohen Prozentsatz nicht zugehöriger bzw. wenig untersuchter Sterne ein.

c) Bewegungseigenschaften der dMe-Feldsterne

Am Schluß dieser beschränkten Betrachtungen über die Kinematik der irregulär veränderlichen Sterne geringer Leuchtkraft sei noch ganz kurz das wesentliche der Ergebnisse referiert, die verschiedene Autoren hinsichtlich der Bewegungsverhältnisse der roten Zwerge erhalten haben.

Unsere obigen Betrachtungen in Abschnitt V c) über die absolute Helligkeit der Flackersterne des allgemeinen Feldes stehen nicht im Widerspruch zu der Vermutung, die von mehreren Autoren ausgesprochen worden ist (siehe etwa [86]), daß eine nahe Verwandtschaft besteht zwischen diesen UV-Ceti-Sternen und den als „normal" angesehenen M-Zwergen mit Balmer- und Ca II-Emission. Da die Entdeckungswahrscheinlichkeit eines „flares" der Helligkeit sehr gering ist und eine systematischere Suche nach Flackersternen angeregt durch die Arbeiten Petits praktisch gerade erst begonnen hat, wissen wir allerdings nicht viel über diese Zusammenhänge. Trotzdem ist es interessant, das Hauptergebnis der kinematischen Untersuchungen an M-Zwergen zu betrachten: Es gibt einen grundsätzlichen Unterschied zwischen der Kinematik der dM-Sterne ohne helle Linien und derjenigen der dMe-Sterne. Während sich nämlich der Bewegungszustand der gewöhnlichen roten Zwerge im wesentlichen nicht vom Mittel der sonnennahen Sterne unterscheidet, beobachtet man bei den dMe-Sternen des allgemeinen Feldes

eine kleinere Geschwindigkeit relativ zur Sonne, $V_\odot = 2.7\ \mathrm{kms}^{-1}$ [100],

eine kleinere z-Komponente der Raumgeschwindigkeit,

$\overline{\omega_{\mathrm{dMe}}} = 0.35\ \overline{\omega_{\mathrm{dM}}} = -6\ \mathrm{kms}^{-1}$,

eine geringere Streuung der ω-Werte, $\overline{|\omega - \overline{\omega}|_{\mathrm{dMe}}} = 0.2\ \overline{|\omega - \overline{\omega}|_{\mathrm{dM}}}$ [99],

überhaupt geringere Werte der Dispersionen σ bei Konstruktion von Geschwindigkeitsellipsoiden [100].

Aus diesem Verhalten wird geschlossen, daß die Gruppe der sonnennahen dMe-Sterne weniger von ihrer Individualität verloren hat als die Gesamtheit der normalen M-Zwerge, und daß also die ersteren als jung anzusehen sind im Vergleich zu den letzteren. Das heißt, daß die dMe-Sterne im Feld der sonnennahen Sterne als junge Mitglieder der Population I zu betrachten sind, wogegen sich die Bewegung derjenigen Objekte, die heute als M-Zwerge in Erscheinung treten, bereits nicht mehr von der allgemeinen Sternmischung in Sonnennähe unterscheidet. In diesem Zusammenhang ist der Befund GLIESES [126] interessant, daß die dMe-Feldsterne (der Sonnenumgebung) im Russell-Diagramm dazu neigen, ein wenig über der Hauptreihe zu liegen (vergleiche Abschnitt IV bβ).

d) Zusammenfassung

Wir erhalten also, wenn wir die gemeinsame Rotation der Sterne im Orion-Nebel [65] in die Betrachtung einschließen, vom Standpunkt der Kinematik aus die folgende Sequenz von Gruppierungen von Hauptreihensternen:

Gruppe	I Bewegungszustand	II Physikalische Besonderheiten
Assoz. im Orion-Nebel	Rotation	RW-Aurigae-Sterne Spektrum A bis M
Lockere T-Assoz.	Pekuliarbewegung	RW-Aurigae-Sterne Spektrum G bis M
dMe-Feldsterne	Pekuliarbewegung	(extreme Form: UV-Ceti-Sterne)
dM-Feldsterne	Regellose Bewegung	—

Es liegt natürlich nahe, die in Spalte I ausgesprochene Aufeinanderfolge als einen Zeiteffekt zu interpretieren, indem in der Tabelle von oben nach unten eine fortschreitende Auflösung angezeigt wird. Diese Erklärungsmöglichkeit wird gestützt durch zwei weiter oben bereits angedeutete Beobachtungen:

das relativ geringe Alter der dMe-Sterne im Vergleich zu dem der dM-Sterne,

die geringe räumliche Dichte in den lockeren T-Assoziationen als Entwicklungseffekt.

Leider wissen wir über die Bewegung isoliert erscheinender Hauptreihenveränderlicher, deren Spektraltypus früher als M ist (Spalten B und C im Schema des Abschnittes V b), so gut wie nichts. Es wäre eine lohnende Aufgabe, mit Hilfe zurückliegender Aufnahmen präzise individuelle Eigenbewegungen dieser Objekte zu bestimmen. Von besonderem Interesse sind die abseits des Gouldschen Gürtels liegenden hellen Veränderlichen. Zum Verständnis des Charakters dieser Sterne ist wichtig zu wissen, ob sie durch eine relativ hohe Geschwindigkeit ihrer Raumbewegung ausgezeichnet sind. Sollte dies der Fall sein, so ließe sich vielleicht, wie bei dem OB-Sternpaar AE Aur und μ Col [101] und einer Reihe weiterer Sterne, jeweils eine bestimmte Assoziation als Ursprungsort ihrer Bewegung angeben, und ihre etwas abnorme Lage an der Sphäre wäre damit erklärt. Diese Bemerkung gilt prinzipiell in ähnlicher Weise für diejenigen irregulären Hauptreihenveränderlichen, die zwar innerhalb des Gouldschen Gürtels stehen, aber gegenwärtig nicht mit hellen oder dunklen Nebeln assoziiert erscheinen. Zwar wird sich bei der großen Häufigkeit solcher Nebel in jenem Gürtel stets einer unter ihnen finden, der nahe dem zurückverfolgten Weg des betreffenden Sternes steht. Bedeutsamer aber ist in diesem Fall, auch die zugehörige

T-Assoziation aufzusuchen, sei sie nun in ihrer Gesamtheit noch vorhanden und das betrachtete Objekt lediglich auf Grund einer hohen Geschwindigkeit ein „Außenseiter" geworden, oder sei sie nahezu aufgelöst, wobei nur einige verstreute Veränderliche sich durch systematische Bewegungen als zusammengehörig erweisen.

Es versteht sich, daß ein solcher Auflösungsprozeß sowohl dynamisch vor sich gehen als auch durch die Entwicklung der Einzelsterne zu stabilen Konfigurationen bedingt sein kann. In beiden Fällen wird im allgemeinen die Flächendichte (Zahl pro □°) der veränderlichen Objekte im Laufe der Zeit abnehmen. Unter diesem Gesichtspunkt haben wir wahrscheinlich auch die in Abschnitt V aγ) zusammengefaßten Befunde hinsichtlich der Existenz verschieden dichter T-Assoziationen zu betrachten.

VII. Die dG-Veränderlichen

Nachdem wir in den Abschnitten V und VI auf die räumliche Stellung und, soweit untersucht, die Kinematik der irregulären veränderlichen Sterne geringer Leuchtkraft näher eingegangen sind, wollen wir uns jetzt in Fortsetzung des Abschnittes IV weiter mit physikalischen Erscheinungen befassen und dabei zuerst auf die Sonderrolle eingehen, die die Hauptreihenveränderlichen des Spektraltypus G zu spielen scheinen.

a) Überblick über die Sonderstellung

Es gibt unter den Veränderlichen geringer absoluter Helligkeit eine bemerkenswerte Gruppe, nämlich die dG-Sterne mit großen Lichtwechselamplituden. Die folgende Tabelle H enthält die zehn bis heute bekannten unregelmäßigen Hauptreihenveränderlichen des Spektraltypus dG mit Amplituden $>2\overset{m}{.}0$.

Tabelle H

dG-Veränderliche mit Amplituden $>2^m$.

Stern	Ampl. [2], [3]	Spektrum des Hauptsterns	Bemerkungen
UY Aur	$2\overset{m}{.}4$ pg	dG5e [49]	visueller Doppelstern
RW Aur	3.0 v	dG5e [49]	visueller Doppelstern
RU Lup	3.7 pg	dG5e [49]	
RY Lup	3.1 pg	G0V: [38]	
T Tau	4.0 v	dG5e [49]	mit Nebel
UX Tau	2.7 pg	dG5e [49]	visueller Doppelstern
XZ Tau	3.0 pg	dG5e: [49]	
UZ Tau	3.2 pg	dGe [49]	dreifach, G + M + M
RY Tau	2.4 v	dG0e [49]	mit Nebel
DG Tau	3.1 pg	dGe [50]	mit Nebel

Man sollte erwähnen, daß nur die beiden Sterne T Tau und UZ Tau keine „typischen RW-Aurigae-Sterne" nach der Definition HOFFMEISTERS [5] sind, und daß andererseits nur RY Lup von JOY nicht in seine Kategorie der „T-Tauri-Sterne" [49] eingereiht worden ist. DG Tau wurde erst später entdeckt.

Auf die auffallend große Häufigkeit von Doppelsternen und individuell mit den Veränderlichen verbundenen kleinen hellen Nebeln hat schon JOY hingewiesen [49].

Anläßlich der Bestimmung des genäherten Entfernungsmoduls der Taurus-Assoziation (V aβ) erkannten wir ferner, daß die dG-Komponenten der Doppelsterne UY und RW Aur sowie UX und UZ Tau anscheinend nicht die Leuchtkraft von Unterriesen besitzen, wie die T-Tauri-Sterne des Typus K oder M, sondern eine annähernd normale absolute Helligkeit,

$$M_{dG5e} = 5^{m}_{\cdot}3 \quad \text{visuell.}$$

Diese Hypothese wird gestützt durch drei weitere Befunde:

1. In der Assoziation Taurus-Nord kennen wir außer den erwähnten Doppelstern-Komponenten fünf weitere RW-Aurigae-Sterne des Spektraltypus dGe, nämlich

   RY, DG, CT, DL und DO Tau.

   Ihre mittlere scheinbare photographische Helligkeit ist $13^{m}_{\cdot}6$, ihre absolute Helligkeit also mit

   $$\overline{M_{dGe}} = 6^{m}_{\cdot}6$$

   nicht allzu sehr vom Normalwert ($\approx 6^{m}_{\cdot}1$) verschieden, jedenfalls nicht überhöht.
2. Im $V/B—V$-Diagramm WALKERS für die Sterne in NGC 2264 [47], [61] bemerkt man eine Gruppe von Objekten bei $B—V = +0^{m}_{\cdot}65$, $V = 15^{m}_{\cdot}2$ (das heißt $M_V = 5^{m}_{\cdot}5$) nahe der normalen „Hauptreihe". Auch jene Sterne sind vom Spektraltyp G5V, denn zu diesem gehört normalerweise in der Tat $B—V = +0^{m}_{\cdot}65$ und $M_V = 5^{m}_{\cdot}3$.
3. Diese Beobachtung wird bestätigt durch die in Abschnitt V aβ) erwähnten und im Diagramm der Abb. 6 eingetragenen fünf Veränderlichen mit bekanntem Spektraltypus dGe bei S Mon,

   LL, MM, IO, IQ und GR Mon,

   deren mittlere absolute photographische Helligkeit sich zu

   $$\overline{M_{dGe}} = 5^{m}_{\cdot}6$$

   ergibt (Normalwert $6^{m}_{\cdot}1$). Dagegen findet man für die fünf dK-Sterne der Assoziation,

   LQ, LR, IP, MO und SS Mon,

   eine *größere* Leuchtkraft, nämlich

   $$\overline{M_{dK}} = 5^{m}_{\cdot}2 \text{ pg}.$$

   Auch hier wieder die viel zu geringe, diesmal sogar negative Differenz $\overline{m_{spät}} — \overline{m_{dG}}$,

   $$\overline{m_{dK} — m_{dGe}} = — 0^{m}_{\cdot}4 \quad (\text{normal} \approx + 2^{m}_{\cdot}5).$$

Nach all diesen Beobachtungen erscheint es mir gut begründet, wenn ich annehme, daß ein beträchtlicher Teil der als dG klassifizierten unregelmäßig veränderlichen Sterne geringer Leuchtkraft im Russell-Diagramm sehr nahe an der für normale Sterne gültigen Hauptreihe liegt und keine überhöhte Leuchtkraft nach Art der T-Tauri-Sterne mit späterem Spektraltypus besitzt. Es ist durchaus möglich, daß dieses Verhalten der dG-Veränderlichen in Zusammenhang zu bringen ist mit dem Mangel an sicher klassifizierten F-Veränderlichen in T-Assoziationen. Wir sehen einmal von dem Aggregat in den Cepheus-Dunkelgebieten ab, das drei F-Sterne enthält (YZ, BH und BO Cep) und dessen physische Realität noch nicht sicher erwiesen ist. Alsdann verbleiben die Objekte R und T der CrA-Assoziation und RY Ori, reelle Zugehörigkeit zur T-Assoziation bei ζ Ori zweifelhaft.

Für diese Erscheinung kann gegenwärtig noch keine Erklärung gegeben werden. Vielleicht ist sie im Charakter der den T-Assoziationen eigenen Entwicklung zu suchen, vielleicht auch nur durch eine fehlerhafte Spektraltyp-Klassifikation verursacht, die ihrerseits auf die schon in Abschnitt IV b) gestreiften abnormen Atmosphärenverhältnisse jener Sterne zurückgeht. Wir wissen es nicht.

Kommen wir nun noch einmal auf die dG-Veränderlichen mit großen Amplituden zurück. Lediglich bei zwei dieser Objekte ist das photometrische Verhalten (durch Hoffmeister [17]) so gut untersucht, daß gewisse Schlüsse gezogen werden können: Glücklicherweise sind es gerade die Sterne RU und RY Lup, deren Spektren sich unterscheiden. Das folgende Schema soll die wichtigsten Zusammenhänge aufzeigen, die am Verhalten dieser beiden Hauptreihenveränderlichen vom Spektraltypus G zu beobachten sind:

	RU Lup	RY Lup
Spektrum	dGe, reichste Emission	G0V, keine Emissionen
Lichtwechsel	Quasiperiodisch, $Z = 3\overset{d}{.}7$ (Form a_2)	Minima betont
Verwandtschaft in Spektrum und Lichtwechsel	Z-Cam-Sterne	(Form b)

In den nächsten Abschnitten werden diese Zusammenhänge näher besprochen.

b) Verwandtschaft zu den Z-Camelopardalis-Sternen

α) Dieser Abschnitt betrifft die erste Spalte des oben gegebenen Schemas:

Wir hatten bereits in dem der Phänomenologie des Lichtwechsels gewidmeten Abschnitt III auf das Vorkommen von quasiperiodischen Formen der Helligkeitsschwankungen bei Veränderlichen geringer Leuchtkraft hingewiesen und dort die Form a_2 (T-Chamaeleontis-artige Sterne) definiert. Wir verweisen auf die Abb. 2 und 4 und wollen hier untersuchen, wie weit die äußerliche Ähnlichkeit der wesentlichen Kennzeichen von T-Chamaeleontis- und Z-Camelopardalis-Sternen geht.

Wir kennen drei RW-Aurigae-Sterne mit relativ gut bekanntem quasiperiodischem Lichtwechsel; zwei von ihnen sind dGe-Sterne, vom dritten fehlt ein Spektrum:

Stern	Sp.	Δm	Z	Lit. und Bem.
RU Lup	dGe	$1\overset{m}{.}1$	$3\overset{d}{.}7$	[17]
T Cha	—	1.5:	4.0:	[17]
S CrA	dGe	1.7	6.1	[102] Doppelstern

Δm sei die Amplitude der quasiperiodischen Wellen, die anderen Schwankungen überlagert sein können; Z ist die mittlere Zyklenlänge.

Als Mittelwerte erhalten wir $\overline{\Delta m} = 1\overset{m}{.}4$, $\overline{Z} = 4\overset{d}{.}6$. Diese Zahlen sind zunächst zu vergleichen mit denjenigen für den schon im Abschnitt III erwähnten Z-Camelopardalis-ähnlichen Stern AQ Dra [11]:

$$\Delta m = 1\overset{m}{.}3, \quad Z = 5\overset{d}{.}5 .$$

Man findet in beiden Fällen völlig identische Größenordnungen. Diese nahe Übereinstimmung könnte man, wenn man sie nicht als zufällig und bedeutungslos bezeichnen will, dadurch erklären, daß man das Objekt AQ Dra einfach als entarteten RW-Aurigae-Stern bezeichnet, dessen Zyklen besser eingehalten werden, als es bei den drei anderen Veränderlichen der Fall ist.

Der Stern AQ Dra steht jedoch nicht allein, sondern er paßt sich verhältnismäßig gut der allgemeinen Beziehung zwischen Amplitude des Lichtwechsels und Zyklenlänge an, die für alle U-Geminorum-Sterne bis etwa 100^d Zyklenlänge gültig ist:

Nach Brun und Petit [103] haben wir als Mittelwerte für Δm und Z bei den fünf Formen von U-Geminorum-Sternen, deren eine die Z-Camelopardalis-Art ist, die folgenden Zahlen anzunehmen.

Tabelle I

Zusammenhang Amplitude-Zyklenlänge

Form	$\overline{\Delta m}$ (pg)	$\overline{Z}$
U Gem	$5^m.0$	80^d
SS Cyg	4.4	50
X Leo	3.4	23
SU UMa	3.2	16
(AQ Dra)	1.3	5.5
T Cha	1.4	4.6

Am Ende der Tabelle I habe ich die oben bereits gegebenen Werte der hier besonders interessierenden Objekte angefügt.

Die Abb. 8 zeigt graphisch den Inhalt der Tabelle I. Man sieht, daß sich alle Mittelwerte, einschließlich desjenigen der T-Chamaeleontis-Form, und der Bildpunkt von AQ Dra einer linearen Formel,

$$\Delta m = -0.60 + 3.00 \lg Z \qquad ([Z] = \text{Tag}),$$

sehr befriedigend fügen.

Mit anderen Worten: Wegen der Existenz des Sternes AQ Dra können wir die Beziehung Amplitude-Zyklenlänge der U-Geminorum-Sterne, die zunächst nur für $Z > 15^d$ bestätigt war, für Werte $Z < 15^d$ extrapolieren; wir finden dann, daß auch die drei gut untersuchten quasiperiodischen RW-Aurigae-Veränderlichen RU Lup, T Cha und S CrA durch diese Extrapolation erfaßt werden. Wir halten aber daran fest, die drei letzteren Objekte tatsächlich als RW-Aurigae-Sterne im eingangs definierten Sinne zu betrachten, insbesondere auf Grund ihrer Lage in extremen Dunkelgebieten.

Es soll betont werden, daß wir der obigen Formel keine weitere Bedeutung als die eines ganz formalen Interpolationsausdrucks beimessen, der im Bereich $3^d.5 < Z < 100^d$ gilt, für $Z > 100^d$ aber nicht mehr richtig ist. Insbesondere fügen sich die U-Geminorum-Sterne der Form UV Persei ($Z \approx 400^d$, $\Delta m \approx 5^m.2$) anscheinend nicht ein. Ob diese Erscheinung reell ist oder nur vorgetäuscht, indem die Anwesenheit schwacher Begleitsterne (siehe Ende des Abschnitts III b) die volle Amplitude des Lichtwechsels nicht hervortreten läßt, haben wir hier nicht zu untersuchen.

β) Ich möchte jedoch kurz auf eine weitere Beobachtung an den U-Geminorum-Sternen eingehen, weil sie für unsere Betrachtungen über die anderen Hauptreihenveränderlichen von gewisser Bedeutung ist. Gemeint ist die Leuchtkraft und das Verhalten der spektroskopischen Charakteristika während des Lichtwechsels.

Die wichtigsten Daten über diese Dinge kann man der oben erwähnten Monographie [103] entnehmen. Danach scheint es heute verhältnismäßig gut gesichert zu sein, daß die typischen U-Geminorum-Sterne im Minimum die absolute visuelle Helligkeit

$$M(\text{Min}) \approx +11^{\text{m}},$$

im Maximum eine solche von etwa

$$M(\text{Max}) \approx +6^{\text{m}}$$

besitzen. Die Richtigkeit dieser Größenordnung wird nur von JOY [34] bezweifelt, doch halte ich seine Argumentation nicht für hinreichend. Folgt man JOY und nimmt

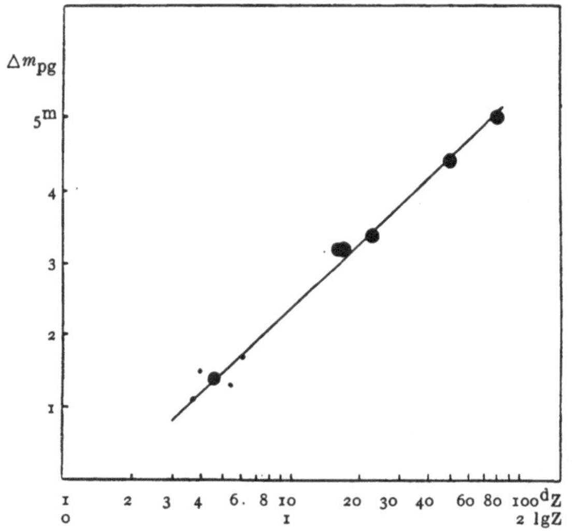

Abb. 8. Zusammenhang Amplitude-Zyklenlänge nach Tabelle I; die kleinen Punkte beziehen sich auf die Einzelwerte für RU Lup, T Cha, S CrA, AQ Dra.

man für die U-Geminorum-Sterne normalen Zwergcharakter an, $M(\text{Min}) \approx 5^{\text{m}}_{\cdot}5$ visuell, so kommt man für die Tangentialgeschwindigkeiten zu überaus hohen Werten: Mit der mittleren Eigenbewegung [104]

$$\bar{\mu} = 0.097 \text{ pro Jahr}$$

für acht Sterne und deren mittleren scheinbaren Helligkeit im Minimum

$$\overline{m_{\text{v}}} = 15^{\text{m}}_{\cdot}2$$

würde man bei Benutzung von

$$M_{\text{v}} = 5^{\text{m}}_{\cdot}5, \text{ das heißt } \bar{\Delta} = 870 \text{ pc},$$

eine mittlere Tangentialgeschwindigkeit

$$\bar{t} = 4.74\, \bar{\Delta}\bar{\mu} = 412 \text{ kms}^{-1} \qquad ([\Delta] = \text{pc}, [\mu] = \text{B.-Sek. pro a})$$

relativ zur Sonne erhalten, und der Maximalwert wäre

$$t = 1230 \text{ kms}^{-1} \qquad (\text{CH Her}).$$

Interstellare Absorption wurde nicht berücksichtigt. Sie dürfte das Ergebnis nicht wesentlich modifizieren, zumal vier der acht Veränderlichen abseits der Milchstraße liegen (U Gem, CH Her, X Leo, RU Peg).

Die Spektren der U-Geminorum-Sterne sind zusammengesetzt, was vor allem im Minimum erkennbar ist: Einem Kontinuum des Typs G (eventuell mit den zugehörigen, sehr schwachen Absorptionen) überlagern sich dann ein kurzwelliges Kontinuum und breite starke Emissionen von H, He I, Ca II und anderer Elemente. Im Maximum der Ausbrüche beherrscht das „heiße" Kontinuum vollständig das Spektrum, zusammen mit extrem breiten flachen Absorptionen von H und Ca II; Spektraltypus zu dieser Zeit etwa A0-ähnlich.

Zusammengefaßt: Die U-Geminorum-Veränderlichen sind Objekte, bei denen ein DG-Stern mit Emissionen niederer Anregung und einem heißen Kontinuum eine Rolle spielt. Wenn auch diese Emissionen andere Doppelverschiebungen zeigen als die dunklen Linien des G-Sterns, so muß doch die äußerliche Ähnlichkeit zwischen diesen zyklisch veränderlichen DGe-Sternen und den irregulären dGe-Veränderlichen der Hauptreihe, insbesondere natürlich der quasiperiodischen Form, auffallen.

Leider wissen wir nicht,

1. ob auch die quasiperiodischen RW-Aurigae-Sterne (T Cha) tatsächlich wie die meisten dGe-Veränderlichen nicht über der Hauptreihe liegen oder ob beide Gruppen identisch sind, und
2. ob etwa diese T-Chamaeleontis-Sterne ebenfalls, wie die beiden U-Geminorum-Veränderlichen SS Cyg und RU Cam, kurzperiodische Linienverschiebungen nach Art spektroskopischer Doppelsterne [34] zeigen.

c) G-Veränderliche ohne Emissionen

Kommen wir nun noch einmal auf das A-Spektrum der U-Geminorum-Sterne im Helligkeitsmaximum zurück: Charakteristisch sind per definitionem die H-Absorptionen und weiterhin das Fehlen von Emissionen. Damit finden wir jetzt den Anschluß an die Erscheinungen, die bei dem zweiten der oben erwähnten gut untersuchten dG-Veränderlichen, nämlich RY Lup, beobachtet werden. Kennzeichnend sind für ihn das Fehlen von Emissionen (Spektraltypus G0V) und das Vorherrschen des hellen Normallichtes (Form b_2 des Lichtwechsels). Diese Feststellung wird im folgenden Abschnitt VIII dahingehend zu erweitern und zu verallgemeinern sein, daß wir sagen:

> Bei solchen unregelmäßig veränderlichen Sternen geringer Leuchtkraft, bei denen nach der Wahrscheinlichkeit, sie in einer bestimmten Phase des Lichtwechsels anzutreffen, das Maximum der Normalzustand ist („helles Normallicht"), treten im Spektrum die Emissionen zugunsten der dunklen Linien stark zurück. Insbesondere überwiegen bei diesen Sternen die Spektraltypen mit H-Absorptionen (A und F).

Stellen wir uns einen entarteten U-Geminorum-Stern vor, dessen Helligkeit länger im Maximum verweilt als im Minimum, so daß die Lichtkurve in extremer Weise die Form b unserer Unterteilung annimmt (das bedeutet, daß in Abb. 1 die Häufigkeitsverteilung der Grundform d sich durch Abschwächung des rechten hohen und Verstärkung des linken niedrigen Maximums in diejenige der Grundform b verwandelt). Wir würden dann bei diesem Objekt im wesentlichen ein A-Spektrum mit unterdrückten Emissionen beobachten, und nur während der kurzen Minima des Lichts das oben beschriebene Ge-Spektrum.

Ohne diesem Gedankenexperiment gegenwärtig einen physikalischen Sinn beizumessen, möchte ich doch meinen, daß der Zustand eines U-Geminorum-Sterns während eines seiner „Ausbrüche", aus welchem Grunde diese auch immer erfolgen, dem „Normalzustand" eines Hauptreihenveränderlichen der Form b nicht unähnlich ist.

VIII. Spektrum und Lichtwechsel (Zweidimensionale Klassifikation der irregulären Hauptreihenveränderlichen)

Wir müssen jetzt, wie im vorigen Abschnitt VII c) bereits angekündigt, versuchen, durch Kombination der Betrachtungen in den Abschnitten III und IV Korrelationen zu finden zwischen den eingangs definierten Grundformen a bis d des Lichtwechsels auf der einen Seite und den Erscheinungen im Spektrum, insbesondere den Spektraltypen, der betreffenden Veränderlichen andererseits.

a) Verteilung der Formen des Lichtwechsels auf die Spektral-Klassen Detail-Tabelle

Es ist keine schwere, aber eine sehr langwierige Arbeit, die Objekte der Tabelle A (sofern sie nicht von vornherein durch ein Kreuz zu bezeichnen und daher außer Betracht zu lassen sind) daraufhin zu untersuchen, welcher der Grundformen a bis c sie im Einzelnen zuzuordnen sind. Die in der Literatur gegebenen Beschreibungen des Lichtwechsels sind häufig ungenau oder unvollständig, so daß für eine Anzahl Sterne neue Untersuchungen auf Sonneberger Platten durchgeführt werden mußten. Trotzdem bleiben von den 146 in Betracht zu ziehenden Objekten der Tabelle A noch 49 Veränderliche photometrisch so schlecht bekannt, daß es nicht gelingt, die Form ihres Lichtwechsels zu bestimmen.

In der Tabelle J (S. 60, 61) ist als Ergebnis dieser Untersuchungen die zweidimensionale Klassifikation von 107 unregelmäßig veränderlichen Sternen geringer Leuchtkraft durchgeführt. 97 dieser Objekte sind in Tabelle A enthalten; die Differenz erklärt sich durch Hinzunahme der 10 flare-Sterne mit Spektraltypus dMe.

Zur Erläuterung der Tabelle J sind folgende Bemerkungen nötig.

a-Spalte: Zwischen den beiden Formen a_1 und a_2 wurde nicht unterschieden, da, wie oben bereits erwähnt, die wirkliche Erkennung quasiperiodischen Lichtwechsels sehr dichte Beobachtungsreihen erfordert; solche liegen nur für ganz wenige Sterne vor. — Die Abgrenzung zur

c-Spalte ist nicht immer völlig frei von Willkür, wenn es sich um Objekte handelt, bei denen man zwischen a und c_1 wählen muß. Trotzdem wurde auch bei Form c keine Aufspaltung in c_1 und c_2 vorgenommen, damit insbesondere eine sichere Einordnung der von Parenago [26] untersuchten Sterne des Orion-Nebels erfolgen konnte, die am angegebenen Ort den dort definierten Kategorien II bis IV zugewiesen sind. Wahrscheinlich gehören hierher auch die meisten der im Taurus-Auriga-Komplex gefundenen „T-Tauri-Sterne", doch liegen bis jetzt noch keine ausführlichen Beschreibungen des Lichtwechsels dieser Veränderlichen vor. Die aufgeführten schwachen

Monoceros-Sterne sind dagegen von mir genauer untersucht (siehe auch Abschnitt IX).

b-Spalte: Sie enthält nur Objekte, die von PARENAGO [26] seiner Kategorie I eingefügt sind; ich kann bei diesen Sternen vorerst nicht entscheiden, ob Form b_1 oder Form b_2 vorliegt.

d-Spalte: Aufgenommen sind die „flash-Sterne“ HAROS (siehe Abschnitt V c) und die endgültig benannten „flare-Sterne“ (UV-Ceti-Typus). Es gibt darüber hinaus eine Anzahl verdächtigter dMe-Sterne der Sonnenumgebung, deren Veränderlichkeit noch nicht genügend gesichert ist [86]; sie wurden nicht berücksichtigt.

Die Spektraltypen wurden der Tabelle A entnommen. Wenn für einen Stern mehrere abweichende Angaben vorlagen, wurde entweder die mir am sichersten erscheinende benutzt, oder das Objekt wurde gemäß einem „mittleren“ Spektraltypus eingeordnet. Es versteht sich von selbst, daß dieses Verfahren in einigen Fällen ebenfalls zu einer gewissen Willkür Anlaß geben kann, doch ist diese nicht zu umgehen, da es eben prinzipiell schwer ist, bei unstabilen Sternen der betrachteten Art Spektraltypen eines zwei- oder sogar nur eindimensionalen Schemas zu bestimmen. Immerhin glaube ich aber, daß keine das Gesamtbild entstellenden Fehler gemacht wurden.

Die quantitative Bedeutung des Symbols „e“ (Emission) ist nicht einheitlich:

Bei den Sternen der Spektraltypen B bis F finden wir oft nur einige Linien der Balmerserie und H, K in Emission. Im Gegensatz dazu kommen bei den späteren Typen G bis M zum Teil die reichsten Emissionsspektren vor, die je an Sternen beobachtet wurden (siehe Abschnitt IV bγ; [49]). Eine grundsätzliche Ausnahme bilden hier die wenigen Objekte der b-Formen. Unter ihnen gibt es keinen Stern, der auch nur im entferntesten so viel helle Linien zeigt wie gewisse a- und c-Veränderliche: RZ Psc [105] und RY Lup, die beiden typischen Vertreter, besitzen mindestens zeitweise im photographischen Bereich des Spektrums überhaupt keine Emissionen, und bei den übrigen Objekten war im wesentlichen höchstens H_β und H_γ hell.

b) Zusammenfassung

Die Art der Verteilung der einzelnen Sterne über die Fächer der Tabelle J läßt klar erkennen, daß die von uns durchgeführte zweidimensionale Klassifikation der Hauptreihenveränderlichen insofern wirklich sinnvoll erscheint, als sich gewisse Häufungen ergeben, die nicht zufälliger Art sein können. Eine zusammenfassende Übersicht wird in Tabelle K gegeben (vorläufige Mitteilung: [8]).

Tabelle K

Form	B	A	F	G	K	M	Sonst.
a	0	0	1	6	0	0	2
c	8	2	0	14	13	0	0
b_1	0	5	7	1	0	0	0
b_2	1	11	1	1	0		0
b	0	3	0	2	3	0	1
d	0	0	0	0	8	17	0

Tabelle J Verteilung der Formen des Lichtwechsels auf die Spektralklassen

	a	b_1	b_2	b	c	d
B	—	—	TY CrA B2, B9, A	—	KX Ori B3 LP Ori B1.5Vp NU Ori B1V, B8 V 359 Ori B3 V 361 Ori B6V V 372 Ori B9 EO Per OBe CT Tau B5:n, A0	—
A	—	SY Cep A2 V 517 Cyg A5 V 519 Cyg A0—A5 V 346 Ori A V 351 Ori A7 III	AB Aur A0ep VX Cas A0 SV Cep A T Ori A3e BF Ori A5e II-III BN Ori A7 HK Ori A4ep V 350 Ori A1 S 5414 Ori A0 XY Per A2 II+B6 WW Vul A3e	LZ Ori A0: MR Ori A2V NV Ori A8, F	UX Ori A2e KS Ori A0	—
F	RR Tau F8, G1, A2 e II—III	BE Cas F2 YZ Cep F8V BH Cep F5 BO Cep F0—F5 120.1943 F1V AK Sco F5V, G0 CQ Tau F2	R Mon Fep	—	—	—
G	BM And F8e, Ge RW Aur dG5e UY Aur dG5e RU Lup dG5e UX Tau dG5e XZ Tau dG5e:	RZ Psc G8V	RY Lup G0V	AK Ori G (—K) EZ Ori GeV	HH Aur G5 S CrA dGe GR Mon dG:e IO Mon dG5e —dK0e IQ Mon dG:e LL Mon dGe MM Mon dG:e YZ Ori Ge—Ke	—

					CY Ori GoV MX Ori Go PT Ori G IX Ori Ge—Ke T Tau dG5e RY Tau dGoe	
K	—	—	—	TV Ori Ko AA Ori K: AZ Ori K4e IV—V	V 536 Aql dKe DI Cep dK3e SS Mon dKe IP Mon dKoe+ LQ Mon dKe LR Mon dK:e MO Mon dK:e TU Ori Ko AH Ori Ko IV-V AN Ori K1e IV-V AQ Ori Ko: KR Ori Koe: V 356 Ori K1e IV—V	V 383 Ori dK V 384 Ori dK6e V 385 Ori dK V 386 Ori dK V 389 Ori dK6e V 390 Ori dKe V 391 Ori dK V 393 Ori dK6:e
M	—	—	—	—	—	YZ CMi dM4.5e V 645 Cen dM5e DO Cep dM5e UV Cet dM6e EV Lac dM5e AD Leo dM4e V 371 Ori dM3e EQ Peg dM5:e V 1216 Sgr dM4.5e EY Tau dM5e: EZ Tau dM5e: FF Tau dMo FG Tau dM5: FH Tau dM5e FI Tau dM5: FK Tau dM6e: WX UMa dM5.5e
Sonst.	V 426 Oph Pec, e CO Ori gF3ep	—	—	IU Ori G5, A5	—	—

Man kann die folgenden vier wesentlichen Gruppierungen erkennen, in denen insgesamt 93 Veränderliche, das sind 87% aller aufgenommenen Objekte, vereinigt sind:

1. B-Sterne der Form c. Es dürfte sich in der Mehrzahl der Fälle um die Form c_2 handeln (Lichtwechsel nicht rasch, lange Wellen), und somit könnte diese Gruppe mindestens phänomenologisch mit den sogenannten „weißen Unperiodischen" (γ Cassiopeiae und andere) verwandt sein.
2. A- und F-Sterne der Formen b_1 und b_2. Bei den A-Sternen scheint b_2 (lange Minima), bei den F-Sternen b_1 (algol-ähnliche Form) bevorzugt zu werden, doch ist diese Korrelation statistisch kaum gesichert.
3. G- bis K(M)-Sterne der Formen a (typische RW-Aurigae-Sterne) und c (c_1 oder c_2). Die letzteren sind stark vertreten durch die große Anzahl der Veränderlichen in T-Assoziationen, wobei die Zugehörigkeit einer Anzahl noch nicht genauer untersuchter M-Sterne sehr wahrscheinlich ist (in der Tabelle K gestrichelt). Reiche Emissionsspektren.
4. Flackersterne der Spektraltypen K und M.

Gehen wir umgekehrt nicht von den Spektraltypen, sondern von den photometrisch zu definierenden Formen des Lichtwechsels aus, so gelangen wir endlich zu folgender Zusammenfassung. *W* bedeutet die Wahrscheinlichkeit, mit der einem Hauptreihenveränderlichen der betreffenden Form die angegebenen Spektralklassen zuzuordnen sind (ohne die „sonstigen Spektren"):

Lichtwechsel	Spektrum	*W*	Leuchtkraft	Weitere Kennzeichen
a	G	0.85	V ?	G bis M, Emiss.!
c	nicht A u. F	0.95	IV—V V	G bis M, Emiss.! B (27%)
b	A und F	0.77	≈ V	H-Absorptionen
d: flash	K und M	1.00	IV	
d: flare	M	1.00	V	

Wenn auch die Zahlen *W* aus einem viel zu geringen Material abgeleitet wurden, als daß man sie für endgültig gesichert halten könnte, so ergibt sich rein qualitativ trotzdem das Ergebnis:

Die in Abschnitt III a) nach rein photometrischen Gesichtspunkten aufgestellte Einteilung des Lichtwechsels irregulär veränderlicher Sterne geringer Leuchtkraft in die vier Grundformen a bis d erweist sich im wesentlichen auch physikalisch als sinnvoll. Besonders bemerkenswert ist die schon im Abschnitt VII c) angedeutete und hier bestätigte Korrelation, nach der die Sterne mit hellem Normallicht durch H-*Absorptions*-Spektren, die übrigen Objekte durch H- (und andere) *Emissionen* ausgezeichnet sind.

Dabei bleibt offen, ob die genannten H-Absorptionsspektren tatsächlich in Atmosphären von solchen Sternen entstehen, deren sonstige Konstitution einem normalen A- oder F-Typus entspricht, oder ob es sich, ähnlich wie bei den Pseudoriesen des Abschnitts IV bα), um anormale Atmosphären handelt.

IX. Die Veränderlichen in NGC 2264

Die eben dargestellten Befunde haben insofern den Charakter mittlerer statistischer Aussagen, als beispielsweise auf die Variation des Spektraltyps (oder allgemeiner: des Spektrums) im Verlaufe des Lichtwechsels der einzelnen Objekte aus Mangel geeigneter Beobachtungen nicht eingegangen werden konnte. Eine außerordentlich wichtige Aufgabe, deren Lösung in Zukunft mit Hilfe des neuen Sonneberger 60-cm-Spiegels in Angriff genommen werden soll, besteht in der Beseitigung dieses Mangels. Ohne genaue Beobachtungen über die Veränderungen in den Spektren, besonders auch über den Zusammenhang dieser Änderungen mit denjenigen des integralen Lichts, ist es nicht möglich, quantitative Aussagen über die Gründe der Veränderlichkeit zu machen oder ein gutes Modell zu entwickeln.

Um vorläufig in der angedeuteten Richtung wenigstens einen Schritt weiterzukommen, habe ich im folgenden versucht, Variationen der beobachteten Farbenindices gewisser Hauptreihenveränderlicher in Verbindung mit dem „photometrischen" Verhalten zu diskutieren.

a) Beobachtungsgrundlagen

Als besonders geeignet für die genannte Untersuchung erwiesen sich die in der T-Assoziation NGC 2264 (um S Mon) zusammengeschlossenen Sterne. Die Benutzung eines solchen Aggregats ist nicht nur von beobachtungstechnischer Seite aus gesehen von Vorteil, sondern auch in physikalischer Hinsicht, da man so am ehesten annehmen kann, eine einigermaßen homogen zusammengesetzte Sterngruppe vor sich zu haben. Von der Umgebung von S Mon lagen 85 Aufnahmen vor, die im wesentlichen von W. Götz mit der Sonneberger Schmidtkamera zwischen April 1952 und Februar 1954 erhalten worden waren. Es handelt sich um 74 Platten der blauempfindlichen Emulsion Agfa Astro Z ($\lambda_i = 424$ mμ) und 11 Platten mit panchromatischer Emulsion Agfa Astro ZP ohne Filter ($\lambda_i = 504$ mμ), die speziell zum Zwecke des Absuchens dieser Gegend nach neuen unregelmäßigen Veränderlichen aufgenommen worden waren.

Nachdem die Arbeit Herbigs über die H_α-Emissions-Sterne bei S Mon [59] erschienen war, konnte ich mich darauf beschränken, unter diesen sogenannten LH_α-Objekten nach bisher unbekannten Veränderlichen zu suchen. Dabei fand ich 44 neue unregelmäßige Veränderliche, so daß die Gesamtzahl der in diesem Programm beobachteten Sterne 82 beträgt, die schon länger bekannten Objekte ([106], [107], [6, Teil VII]) und einige auf unseren Aufnahmen nicht veränderliche LH_α-Sterne eingeschlossen.

Die Auswertung der Platten erfolgte mit Hilfe der Argelanderschen Schätz-Methode. Ich bin mir dessen bewußt, daß diese Methode für präzise Untersuchungen an sich nicht am Platze ist. Ich glaube aber, daß die Anwesenheit des verwickelten Komplexes heller Nebel, in die die untersuchten Sterne vielfach eingebettet erscheinen, und die durch sie bewirkte von Ort zu Ort wechselnde starke Verschleierung der Platten eine genaue Photometrierung mit Sicherheit verhindern.

Da zur Zeit der Ausführung dieses Programms die Arbeit Walkers [61] über B- und V-Helligkeiten in NGC 2264 noch nicht vorlag, geschah die Bestimmung der Blauhelligkeiten m_b mittels Übertragungsaufnahme durch Anschluß an Selected Area 72 (Mt.-Wilson), und zwar auf zweierlei Arten:

1. Direkte Einschätzung der Vergleichsterne in das SA-System; pro Vergleichstern etwa zehn Anschlußsterne.
2. Anschluß durch Messung mit Hilfe eines lichtelektrischen Plattenphotometers (statt Irisblende 32 diskrete Lochblenden) unter möglichst weitgehender individueller Berücksichtigung des durch die hellen Nebel verursachten Schleiers.

Die Systeme der nach diesen beiden Methoden erhaltenen Vergleichsternhelligkeiten ergaben sich als völlig identisch. Weiterhin stimmt, wie nachträglich festgestellt, unser auf solche Weise gewonnenes System der Blauhelligkeiten m_b so gut wie zu erwarten mit WALKERs System B überein (Abb. 9).

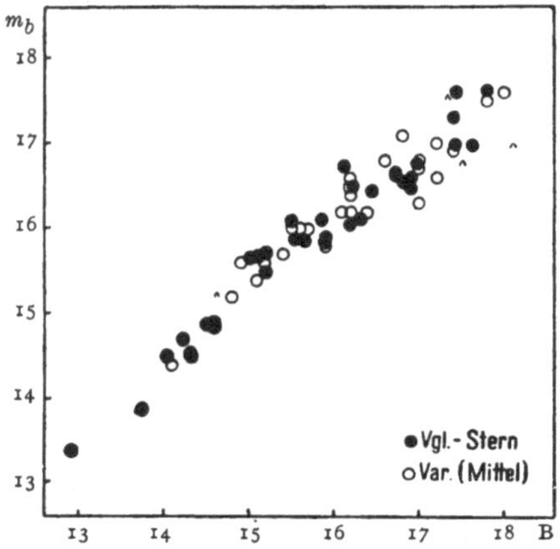

Abb. 9. Vergleich der Helligkeitssysteme WALKER (B) und WENZEL (m_b) in NGC 2264.

Dagegen ist das System VAN MAANENS [108], das ursprünglich als Grundlage für unsere Blauhelligkeiten gedacht war, unterhalb 14^m völlig verfehlt (vergleiche z. B. die Helligkeiten in [60] mit denen in [59]).

Zur Festlegung der Pan-Helligkeiten m_p bediente ich mich in Ermangelung geeigneter Spektraltypangaben eines Näherungsverfahrens: Die Pan-Größen m_p der Vergleichsterne jedes Veränderlichen wurden durch lineare Ausgleichung der über den nach Argelander bestimmten Pan-Stufenzahlen aufgetragenen Blau-Größen m_b unter Ausscheidung stark gefärbter Sterne abgeleitet, wobei also die Werte m_b als erste Näherung der gesuchten Größen m_p dienten. Dabei ist die m_p-Skala durch die, wie wir gesehen haben, korrekte, m_b-Skala bestimmt, und der m_p-Nullpunkt differiert von Variablem zu Variablem gemäß dem mittleren Farbenindex des jeweiligen Vergleichstern-Systems um geringe Beträge.

Die Werte $m_b - m_p$ der Veränderlichen werden im Folgenden an zwei Stellen benutzt:

1. Untersuchung der Variabilität des Farbenindex $m_b—m_p$ im Verlauf des Lichtwechsels der einzelnen Veränderlichen.
2. Korrelation der mittleren Werte $m_b—m_p$ mit der Intensität der H_α-Emission.

Die Verschiedenheit der m_p-Nullpunkte der einzelnen Veränderlichen hat nur im Fall 2 eine gewisse Bedeutung, wirkt aber nicht systematisch, sondern vergrößert lediglich in einem Diagramm $m_b—m_p/H_\alpha$-Intensität die Streuung der den einzelnen Veränderlichen zuzuordnenden Punkte um die „Korrelationsgrade". Immerhin sei

Wert auf die ausdrückliche Feststellung gelegt, daß sich die Farbenindices m_b—m_p der Veränderlichen auf das Mittel der jeweiligen Vergleichsterne beziehen und im Einzelfall keine quantitative Deutung zulassen.

b) Das Verhalten der Veränderlichen

α) Zur Unterstützung der folgenden Darlegungen soll an die Spitze dieses Abschnittes eine Zusammenstellung der bei den einzelnen Sternen beobachteten Größen kommen (Tabelle L).

Tabelle L

Beobachtungsgrößen der Veränderlichen bei S Mon

1 Lfd. Nr.	2 LH_α	3 Bezeichnung	4 m_b Max.	Min.	5 Art	6 α	7 $m_b - m_p$	8 H_α-Int.	9
1	1		$17^m.1$	—	—	—	+0.30	1	
2	2	KU Mon	16.1	$17^m.1$	B_1	11°	+0.02	1	
3	3	KV	15.8	16.3	Ao	48!	—0.30	3	
4	4		15.5	—	—	—	0.00	1	
5	7	S 5206	16.6	17.1:	C	90	—0.11	3	U > G
6	8	SVS 1172	17.2	—	—	—	+0.03	1	
7	10	KY	16.2	17.2	B_1	26:	—0.29	2	U ≈ G
8	11	LL	16.4	17.5	B1	37	—0.21	2	U > G
9	12	NT	15.9	17.0	B1	21	+0.20	1	
10	14	PT	16.9	17.5	C	21	—0.17	3	U > G
11		NU	16.8	17.5	Do	42	—0.23	½	
12	15	S 5172	16.6	17.1	C	70	—0.12	3	U ≈ G
13	16	NV	16.9	18.0	—	—	—	1	
14	17	LM	16.3	17.2	Bo	:	—0.08	3	
15	18	NW	15.8	16.2	C	49:	+0.01	1	
16		5.1924	17.0	—	—	—	—	0	
17	19	LO	16.0	17.1	Ao	31!	—0.19	3v	
18	20	LP	16.3	17.4	Bo	59	—0.08	3v	
19	21		14.6	—	—	—	+0.10	1	
20	22	NX	15.6	16.6	Ao	0:	—0.40	3	U ≫ G
21	23		16.5	—	—	—	—0.10	3	
22		GP	16.7	17.5	B1	:	0.00	0	
23	24	LQ	16.6	18.5	B1	—	+0.20:	1	
24	25		14.0	—	—	—	—0.20	3	U ≈ G
25	26	NY	15.9	16.7	A1:	39!	—0.13	2	
26	27	LR	15.6	—	—	—	0.00	2	
27		PU	17.0	17.8	D1	—	—	0	
28	28	LS	17.0	17.8	—	—	—	3	
29	29	PV	16.7	17.7	A1	—	+0.19	2	
30	30	LT	15.5	16.2	Bo	42	—0.12	3	
31	31	S 5176	16.3	17.0	C	30:	+0.04	2	
32	32		16.6	—	—	—	+0.19	3	
33	33	S 5177	15.4	16.7	Ao	45	+0.12	1	
34	34	NZ	16.5	16.9	Ao	44:	—0.13	2v	

Tabelle L (Fortsetzung)

1 Lfd. Nr.	2 LH_a	3 Bezeichnung	4 m_b Max.	 Min.	5 Art	6 α	7 $\overline{m_b - m_p}$	8 H_a-Int.	9
35	35	S 5196	15.5	15.9	C	41	—0.29	2	
36	36	S 5208*	17.0	18.0	Do	—	—0.13	3	U ≈ G
37	37	14.1924	16.7	17.6	C	55	—0.18	3	U ≈ G
38	38	GQ	16.2	17.6	A1	—28:	+0.04	1	
39	39	S 5209	17.4	18.2	C	—	+0.22:	2	
40	40	Herbig 2	17.0	18.0	Ao	47	—0.19+	2	
41	41	LU	15.8	16.6	C	35:	+0.02	3	
42		OO	16.7	17.2	A1	65:	+0.34	0	
43	42		17.5:	18.0	—	—	—	1	
44	43	IO	15.1	16.0	Bo	90:	+0.05	1	
45	45	LV	16.0	17.0	B1	0	—0.01	2	
46	47	IP	14.8	15.7	C	47:	+0.31	2	
47	48	LW	16.6	17.0	C	45	—0.01	2	
48		OP	18.0	—	—	—	—	0	
49	49	LY	16.0	17.8	A1	29	—0.26	2	U ≈ G ?
50	50	PW	16.8:	18.0	Do	—	—	2	U ≈ G
51	51	LX	15.3	16.6	A1	36	—0.06	2	
52	52	SS	14.0	15.7	B1	26	+0.56	2	
53	53	S 5181	14.2	14.7	C	—	+0.12	1	
54		OQ	16.7	17.7	Do:	35	0.00	½	
55	57	S 5211	16.3	16.8	Ao	42	+0.08+	1	
56	58	OR	15.9	17.7	Do	37	—0.03	2	
57		GR	15.6	17.3	B1	23	—0.11	0	
58	59	21.1924	16.1	17.1	C	90	+0.05	1	
59	60	MM	14.6	16.2	Bo	28!	—0.20	3	
60		OS	16.9	17.7	Do	—	+0.04:	0	
61	63		18.0	—	—	—	—	3v	
62	64	S 5213	17.4	18.1	C	—	+0.07	2	
63	65	MN	15.8	16.7	Ao	49	—0.30	3	
64	66	IQ	15.6	17.7	B1!	31	—0.18	2	U ≈ G
65		OT	15.8	17.5	B1	:	+0.28	0	
66		OU	16.4	17.8	B1	44	+0.31	0	
67	67		17.3	18.0:	D1:	—	—	2	
68	68	S 5200	15.9	16.6	C	41:	+0.02	0	
69	69	PX	17.0	17.8	D1	—	+0.09:	3	
70	70	OV	15.6	16.6	C	28:	+0.09	3	
71	71	S 5202	16.8	17.3	C	56	—0.04	1	
72	72	MO	14.7	15.8	Bo	45:	—0.02	3	
73	73	OW	15.4	16.0	Ao	41	—0.11	3	
74	74		15.9	—	—	—	—0.20	IV	
75	75	OX	14.4	15.4	C	37:	+0.05	3	
76	77	OY	14.8	15.8	Ao	40	+0.06	3	
77	78	MP	16.5	17.9	B1	32	—0.35	2	
78	79	OZ	15.1	15.9	B1	43	+0.11	1	
79	80	PP	15.7	17.5	B1-D	24	—0.32	2	
80	82	PQ	15.5	16.2	A1	23	+0.16	2	
81	83	MQ	15.5	16.2	C	48	—0.06	3	
82	84	PY	14.4	15.7	A1	52!	+0.18	2	

Die Erklärungen zur Tabelle L geben uns Gelegenheit, auf die drei Beobachtungsgrößen „Art des Lichtwechsels“, α und $\overline{m_b - m_p}$ näher einzugehen.

Die *Spalten 1 bis 4* sind nach dem in Abschnitt a) Gesagten voll verständlich.

Spalte 5: Zum photometrischen Verhalten der Veränderlichen ist zunächst grundsätzlich zu bemerken, daß es sich fast durchweg um Objekte der oben definierten

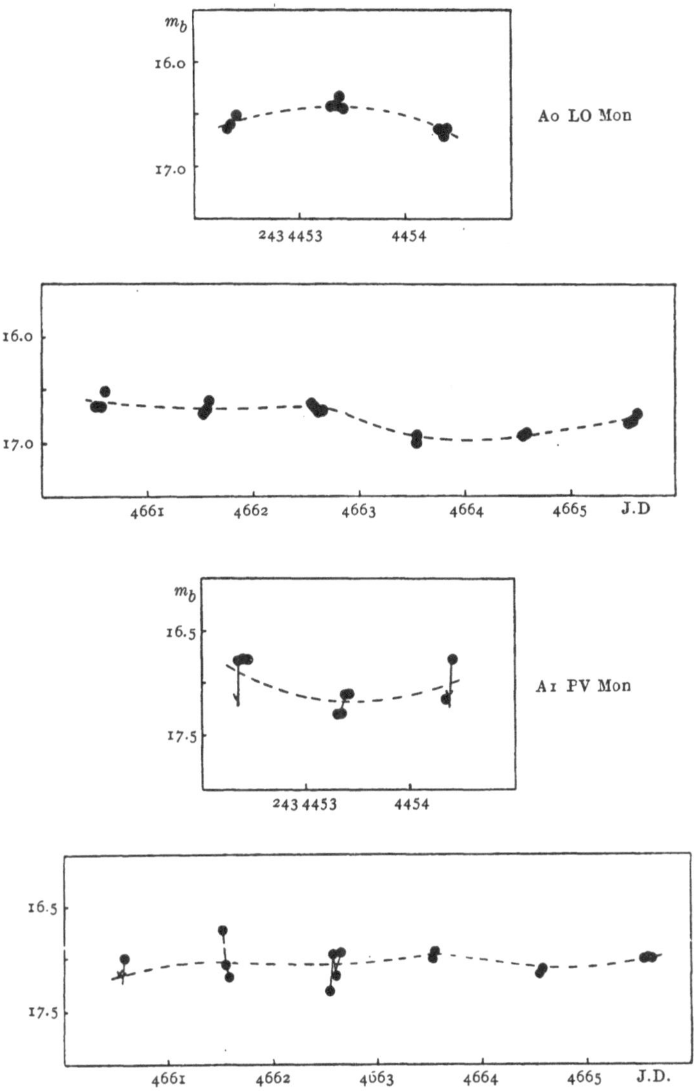

Abb. 10. Zwei Unterarten der Lichtkurven-Form c.

Formen c handelt. Die in der Tabelle verzeichneten acht Sterne mit Amplituden größer als $1^{m}5$ bilden eine unwesentliche Ausnahme. Ich habe versucht, an Hand der Beobachtungen auf den im Plattenmaterial vorhandenen Reihenaufnahmen Unterarten des Lichtwechsels nach folgendem Schema zu definieren (siehe Abb. 10).

Unterart	Rasche Änderungen $\Delta m \geq 0^{m}_{\cdot}4$ in $0^{d}_{\cdot}1$	Wellen von 2^{d} bis 10^{d} Länge
A_0	nicht beobachtet	Amplitude $\leq 0^{m}_{\cdot}5$
A_1	beobachtet	
B_0	nicht beobachtet	Amplitude $> 0^{m}_{\cdot}5$
B_1	beobachtet	
D_0	nicht beobachtet	Erhellungen U-Gem-ähnlich
D_1	flash-Stern-artig	nicht feststellbar
C	nicht sicher feststellbar	(Gesamtamplitude $\leq 0^{m}_{\cdot}5$)

Bei allen Sternen können außerdem noch langsame unregelmäßige Schwankungen der mittleren Helligkeit auftreten (überlagerte Form c_2), die jedoch hier außer Betracht bleiben sollen.

Spalte 6 enthält den Steigungswinkel

$$\alpha = \text{arc tg}\ \frac{\Delta\,(m_b - m_p)}{\Delta m_b}$$

derjenigen Geraden, die man erhält, wenn man für die einzelnen Veränderlichen die Werte $m_b - m_p$, die sich während des Lichtwechsels mehr oder weniger stark ändern,

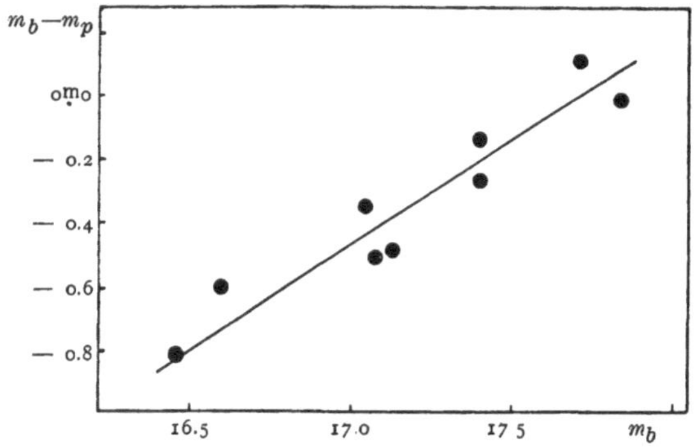

Abb. 11. Abhängigkeit des Farbenindex von der Helligkeit (MP Mon, $\alpha = 32°$).

über den jeweils zugehörigen Blauhelligkeiten m_b aufträgt und die dabei entstehende Punktfolge linear graphisch ausgleicht. Die Phase des Lichtwechsels, ob Auf- oder Abstieg, bleibt dabei unberücksichtigt.

Diese Größe α ist ein Maß für den Anteil der kurzwelligen (blauen) Strahlung am Lichtwechsel. Denn es bedeuten etwa

$\alpha = 0$	$\Delta m_p = \Delta m_b$	Amplitude in blau und pan gleichgroß,
$0° < \alpha < 45°$	$\Delta m_p < \Delta m_b$	Amplitude im Blauen größer als im Pan-Bereich,
$\alpha = 45°$	$\Delta m_p = 0$	Lichtwechsel nur im blauen Bereich,
$\alpha = 90°$	$\Delta m_b = 0$	Lichtwechsel nur im Pan-Bereich.

Die Abb. 11 zeigt als Beispiel die Farbindexvariation des Sternes MP Mon ($\alpha = 32°$).

Die *Spalte 7* schließlich gibt die arithmetischen Mittelwerte $\overline{m_b - m_p}$ in dem oben beschriebenen Sinn. Da die Helligkeit der Sterne während des Lichtwechsels im allgemeinen keinen Wert bevorzugt (Form c), dürfte die Angabe dieses mittleren

Farbenindex im Prinzip physikalisch sinnvoll sein, abgesehen von den praktisch zu fordernden Einschränkungen in Abschnitt a).

Die *beiden letzten Spalten* endlich enthalten die von HERBIG [59] beobachtete Intensität der H_α-Emission (0: keine Emission beobachtet, 3: starke Emission) (Spalte 8) und die Stärke des Ultraviolett-Bildes im Vergleich zum gelben nach HARO [109] in Spalte 9.

β) Aufgegliedert nach den sieben eben definierten Unterarten des Lichtwechsels A_0 bis C ist als Zusammenfassung der Tabelle L in folgender Übersicht die Verbindung photometrischer und spektraler Größen dargestellt:

Unterart	H_α-Int.	Mittelwerte von $m_b - m_p$	Mittelwerte von α
A_0	2.4	$-0^m.14$	40°
A_1	1.6	+0.08	24
B_0	2.7	−0.08	45
B_1	4.1	+0.05	26
D_0	(1.4)	(−0.07)	(38)
D_1		(+0.09:)	
C	2.1	+0.00	50

Wenn wir die wichtigsten und am sichersten bestimmten Gruppen A_0, B_0, A_1, B_1 betrachten, fallen uns die folgenden Korrelationen auf:

Lichtwechsel	ruhig (A_0, B_0)	aktiv (A_1, B_1)
H_α-Intens.	2.50	1.29
α	41°.6	25°.6

Dazu kommt der auch in den Beobachtungsergebnissen von JOY und WILSON [110], [50] enthaltene Zusammenhang zwischen der Intensität der Emissionen niederer Anregung (H_α beziehungsweise H, K von Ca II) und der Stärke der kurzwelligen Strahlung, das heißt der Größe des Farbenindex. Diese Korrelation sieht in Tabellenform so aus:

H_α-Int.	$\overline{\overline{m_b - m_p}}$	n
3	−0.10	24
2	−0.03	23
1	+0.07	17
0	+0.12	7

NGC 2264

Zusätzliches kurzwelliges Kontinuum	H,K-Emission stark	H,K-Emission mäßig
beobachtet	10	1
nicht beobachtet	7	18
	Fälle	

Taurus- und Orion-Assoziation (JOY und WILSON)

Es ist zweckmäßig, die Realität der geschilderten Zusammenhänge mittels statistischer Verfahren zu prüfen, damit man gegen Zufälligkeiten gesichert ist. Die Prüfung muß, da es sich um „kleine Stichproben“ (geringe Zahl von Einzelwerten bei den Mittelbildungen) handelt, mit Hilfe der „t-Verteilung“ erfolgen (siehe etwa [111]).

Bezüglich der zweiten Zusammenstellung dieses Abschnittes bβ) ist die Realität der Unterschiede je zweier Durchschnitte (Mittelwerte) zu untersuchen. Wir verwenden das am angegebenen Ort [111] tabulierte

$$t = \frac{\overline{x_1} - \overline{x_2}}{s} \cdot \left(\frac{N_1 \cdot N_2}{N_1 + N_2}\right)^{1/2},$$

worin $\overline{x_1}$ und $\overline{x_2}$ die beiden Durchschnitte, N_1 und N_2 die beiden Anzahlen der verwendeten Einzelwerte sind, und

$$s^2 = \frac{1}{N_1 + N_2 - 2}\left[\sum_{i=1}^{N_1}(x_{1i} - \overline{x_1})^2 + \sum_{i=1}^{N_2}(x_{2i} - \overline{x_2})^2\right]$$

ist.

1. Korrelation: Art des Lichtwechsels/H_α-Intensität.

$$H_\alpha\text{-Int.} = \begin{cases} x_{1i} \text{ für } A_0, B_0 & (i = 1, \ldots, 16) \\ x_{2i} \text{ für } A_1, B_1 & (i = 1, \ldots, 21) \end{cases}$$

Mit $\overline{x_1} = 2.50$ und $\overline{x_2} = 1.29$ wird

$$s^2 = 0.694 \quad \text{und} \quad t = 4.38\,.$$

Die Differenz $\overline{x_1} - \overline{x_2}$ ist somit gesichert, da

$$t \geq 2.03 \text{ in } 5\% \text{ der Fälle,}$$
$$t \geq 2.72 \text{ in } 1\% \text{ der Fälle zufällig auftritt}$$

und unser t noch weit darüber liegt.

2. Korrelation: Art des Lichtwechsels/α.

$$\alpha = \begin{cases} x_{1i} \text{ für } A_0, B_0 & (i = 1, \ldots, 15) \\ x_{2i} \text{ für } A_1, B_1 & (i = 1, \ldots, 19.5) \end{cases}$$

Unter Benutzung von $\overline{x_1} = 41\overset{\circ}{.}6$ und $\overline{x_2} = 25\overset{\circ}{.}6$ erhält man

$$s^2 = 401.0 \quad \text{und} \quad t = 2.33\,.$$

Die Differenz $\overline{x_1} - \overline{x_2}$ kann als gesichert gelten, da $t \geq 2.33$ in nur etwa 1.7% der Fälle zufällig gefunden wird.

3. Im Hinblick auf die dritte Tabelle dieses Abschnitts wollen wir prüfen, ob der Korrelationskoeffizient

$$r = \frac{\sum_{i=1}^{N}(x_i - \overline{x})(y_i - \overline{y})}{\left[\sum_{i=1}^{N}(x_i - \overline{x})^2\right]^{1/2} \cdot \left[\sum_{i=1}^{N}(y_i - \overline{y})^2\right]^{1/2}} \equiv \frac{s_{xy}}{s_x \cdot s_y}$$

wesentlich oder nur zufällig von Null abweicht, wobei

$$\left.\begin{array}{l} x_i = \overline{\mathrm{H}_\alpha\text{-Intensität}} \quad (= 0, \ldots, 3) \\ y_i = m_b - m_p \end{array}\right\} \quad (i = 1, \ldots, 71)$$

gesetzt wird. In diesem Fall ist

$$t = r\,(1 - r^2)^{-1/2}\,(N - 2)^{1/2}$$

zu berechnen. Mit

$$s_{xy} = -0.0776\,,$$
$$s_x^2 = 0.972\,,$$
$$s_y^2 = 0.034$$

wird $r = -0.426$ und $t = 3.91$.

Als Rechenkontrolle kann man den Wert

$$b = \frac{s_{xy}}{s_x^2} = r \cdot \frac{s_y}{s_x} = -0.080$$

als Anstieg der Korrelationsgeraden näherungsweise auch unmittelbar den Daten der zugrundeliegenden Tabelle entnehmen.

Die Korrelation ist gesichert, da $t \geq 3.43$ nur in $\frac{1}{1000}$ der Fälle zufällig auftritt und unser t-Wert noch oberhalb des eben genannten liegt.

Zusammenfassend läßt sich demnach sagen, daß die aus den Übersichten dieses Abschnittes ersichtlichen Zusammenhänge zwischen den Beobachtungsgrößen der Veränderlichen in NGC 2264 als reell zu erachten sind.

Qualitativ ergibt sich also das folgende Bild:

Typus des Lichtwechsels	Hα-Emiss.	Mittlerer Farbindex	Blauanteil im Lichtwechsel	Absorption der Dunkelmaterie
ruhig	stark	klein	stark	groß
aktiv	schwächer	größer	geringer	geringer

Besonders bemerkenswert sind die unter 1. und 3. auf Seite 70 genannten Korrelationen, in welche die H_α-Intensität eingeht: Da letztere zu einer ganz anderen Zeit bestimmt worden ist als die beiden ihr gegenübergestellten Größen (Art des Lichtwechsels und mittlerer Farbindex), haben wir zu folgern, daß alle drei Kennzeichen im wesentlichen zeitunabhängig sind. Damit werden wir zu der Hypothese geführt, daß die über alle Phasen des Lichtwechsels gebildeten Mittelwerte der Beobachtungsgrößen H_α- (bzw. H, K) Intensität und $m_b - m_p$ sowie α und auch die Art des Lichtwechsels zeitunabhängige physikalische Charakteristika der Einzelsterne darstellen.

γ) In der vorangegangenen qualitativen Zusammenfassung habe ich in der letzten Spalte Angaben über eine „Absorption der Dunkelwolke" hinzugefügt. Die dabei zugrundeliegenden Daten beruhen auf später zu publizierenden Untersuchungen von Götz [112] in der T-Assoziation Orion-Nord (5^{25} $+12^0$). Aus diesen Beobachtungen geht hervor, daß sich die Sternzahl in der Umgebung der T-Tauri-Veränderlichen als umso geringer herausstellt, je größer die von Joy mitgeteilte Intensität der H_α-Emission ist. Diesen Befund, der sich sowohl bei Zählungen auf Platten des Sonneberger

Schmidtspiegels (Grenzgröße etwa $17^m.5$) als auch bei Bearbeitung des Palomar-Atlas ergibt, deuten wir vorläufig als reelle Erscheinung, indem wir geringe Sternzahl auf hohe Absorption zurückführen. Wir können jedoch hier nicht näher auf diese Untersuchungen eingehen, da sie noch nicht abgeschlossen sind. Wiederum erweist sich die mittlere Intensität der H_α-Emission als eine den Einzelstern charakterisierende zeitunabhängige Beobachtungsgröße.

Bei der Aufnahme der letzten Spalte in obige Zusammenstellung ist freilich vorausgesetzt, daß der Charakter der Veränderlichen in NGC 2264 und Orion-Nord hinsichtlich der aufgeführten Kriterien identisch ist. Gestützt wird diese Hypothese durch die Gleichartigkeit der Korrelation zwischen der Intensität der Emissionen niederer Anregung und der Stärke der kurzwelligen Strahlung in beiden Gebieten (siehe Abschnitt bβ).

Im übrigen braucht nicht betont zu werden, daß die erhaltenen photometrischen Ergebnisse dringend der Bestätigung und Ergänzung durch lichtelektrische Direktphotometrie bedürfen.

X. Modellvorstellungen

Nachdem in den vorangegangenen Abschnitten der kritischen Darlegung der an den veränderlichen Sternen geringer Leuchtkraft erhaltenen spektralen und photometrischen Beobachtungen der meiste Raum gegeben wurde, soll nun kurz einiges gesagt werden über mögliche physikalische Ursachen der beobachteten Erscheinungen.

a) Zusammenfassung der Beobachtungsbefunde

Zu dem genannten Zweck wollen wir eine Zusammenfassung der prinzipiell wichtigsten Beobachtungen, deren Deutung vor allem notwendig ist, an die Spitze stellen.

Die Modellvorstellung eines Hauptreihenveränderlichen hat zu erklären:

1. Das Vorhandensein einer ausgedehnten Atmosphäre (Hülle) (IVb).
2. Die Vielfalt der Formen des Lichtwechsels, das heißt den Gegensatz zwischen Form a (keine wesentliche Bevorzugung einer Helligkeit) und Form b (Bevorzugung des hellen Lichtes) (IIIa),
   den Gegensatz zwischen raschem und langsamem Lichtwechsel, nämlich zwischen den Formen c_1 und c_2 (IIIa) oder, ähnliches bedeutend, A_1, B_1 und A_0, B_0 (IXb).
3. Die Korrelationen zwischen photometrischem und spektralem Verhalten (VIIIb) (IXb).

b) Die Hülle

Wir gehen von dem Postulat aus, daß der Lichtwechsel dieser Sterne im wesentlichen durch Änderungen in der ausgedehnten Atmosphäre (oft kurz als „Hülle" bezeichnet) entsteht. Die Anwesenheit dieser Hülle wird angezeigt durch die in Abschnitt IVb) geschilderten Erscheinungen, das heißt also durch

1. Emissionslinien niederer Anregung, die chromosphärenähnliche Zustände erwarten lassen, oder (bei anderen Objekten)
2. scharfe Balmerabsorptionen (Pseudo-Riesencharakter);
3. UV-Überschuß und Balmeremissionen aus optisch dicker Schicht über dem Stern.

Ich glaube nicht, daß es ein schwieriges Problem darstellt, die Entstehung einer derartigen ausgedehnten Atmosphäre prinzipiell zu erklären, wenn man die Erkenntnis zugrunde legt, daß es sich bei den irregulär veränderlichen Sternen geringer Leuchtkraft um Objekte handelt, die sehr jung sind (Größenordnung des Alters 10^6 a). Diese Annahme, auf die wir in der Schlußbemerkung noch einmal eingehen werden, obwohl ihre Behandlung nicht zum eigentlichen Thema dieser Arbeit gehört, wird durch manche der oben geschilderten Beobachtungen stark gestützt; siehe etwa Abschnitt Vd) und die Zusammenfassung über die Bewegungsverhältnisse in Abschnitt VId). Es bedarf meines Erachtens darüber hinaus keiner weiteren schwerwiegenden Hypothesen, um die magneto-hydrodynamische Ausbildung von Hüllen durch die Anwesenheit starker protuberanzen-ähnlicher Gebilde in diesen noch nicht stabilen Sternen zu verstehen. Bei ganz jungen Objekten käme vielleicht außerdem in Frage, die vorhandenen ausgedehnten Atmosphären als Überreste der durch Gravitationskontraktion entstehenden Kondensationen anzusehen, in denen sich als künftiger Stern der Kern schon gebildet hat.

Freilich kann man sich auch kosmogonisch ganz andere Ursachen für die Existenz einer Hülle vorstellen, zum Beispiel Anwesenheit eines engen Begleitsterns oder Auswurf von Materie durch einen Nova-Ausbruch. In der Tat kennen wir Objekte mit RW-Aurigae-ähnlichem Lichtwechsel, die dem ersteren Typus angehören (AE Aqr), und solche, die als Exnovae anzusprechen sind (V Sge und SVS 1021 = MV Lyr [114]). Sehen wir von diesen schon im Abschnitt I ausgeschlossenen Sternen auch bei unseren jetzigen Betrachtungen ab, so gelangen wir zu der bereits in Abschnitt IVbγ) aufgeworfenen Frage nach dem Energietransport in der nunmehr erweiterten folgenden Form:

Welches sind die Quellen und die Transportmechanismen der Energie, die

1. für die Aufrechterhaltung der Hülle,
2. für die zusätzlichen Emissionen in Linien und Kontinuum,
3. gegebenenfalls für die Veränderlichkeit der Hülle aufzuwenden ist?

c) Fortschreitende und stehende Wellen

Nach dem eben Gesagten liegt bei den von uns behandelten Veränderlichen also ein ganz ähnliches Problem vor wie dasjenige, das Sonnenphysikern bei der Untersuchung der Aufheizung von Chromosphäre und den unteren Koronaschichten entgegentritt, nur daß in unserem Fall offenbar die Dimensionen der zu betrachtenden Gebilde wesentlich größer sind. Angeregt durch die Theorien, die die genannte Aufheizung bei der Sonne durch akustische beziehungsweise Stoßwellen zu erklären versuchen, welche durch das Vordringen der Konvektionselemente gegen die unteren Schichten der Chromosphäre ausgelöst werden, ziehen wir probeweise die Ausbreitung eines Wellenvorgangs in einer idealisierten Atmosphäre in Betracht.

Das Ziel dieser Überlegung ist lediglich, zu untersuchen, ob bei plausibler Vorgabe der die Hülle charakterisierenden Größen die Frequenz (oder Periode) etwa möglicher Wellen mit der Beobachtung einigermaßen verträglich ist. Bekanntlich scheitert die Vorstellung, daß der Stern als Ganzes in einer Grundschwingung pulsiert, an den hohen mittleren Dichten der späten Hauptreihensterne; außerdem sähe man sich gezwungen, wegen des $P\sqrt{\bar{\varrho}}$-Gesetzes eine undiskutabel breite Variation des $\bar{\varrho}$-Wertes von Stern zu Stern des gleichen Spektraltypus anzunehmen, wenn man die beobachtete Vielfalt der Änderungsgeschwindigkeiten der Helligkeit erklären wollte.

α) Wir gehen aus von der Gleichung ([115], Gleichung 2.20) (Eulersche Betrachtungsweise)

$$\varrho \frac{d^2 v}{dt^2} = \frac{\partial}{\partial r}(\gamma\, p \operatorname{div} \mathfrak{w}) + \frac{4\,\varrho\, g\, v}{r} - \varrho \frac{d}{dt}\left(\frac{f_r}{\varrho}\right) - \frac{\partial}{\partial r}[(\gamma - 1)(\varrho\, \varepsilon - \operatorname{div} \mathfrak{F})]$$

für eine rein radiale Bewegung in einer aus idealem Gas bestehenden Kugel (berücksichtigt werden nur Abweichungen erster Ordnung vom Gleichgewicht). Es bedeuten

$\mathfrak{w} = \vec{v}$	Geschwindigkeit eines Massenelements,
f_r	Komponente der Viskosität in Richtung r,
$\mathfrak{F}$	Wärmefluß bezogen auf ein Massenelement,
γ	konstantes Verhältnis der spezifischen Wärmen,
ε	Energieproduktion pro Masseneinheit,
$p; \varrho; g$	Gleichgewichtswerte.

Wir setzen in unserem Falle wie üblich voraus, daß sich in der Atmosphäre (für die wir die Gleichung später spezialisieren werden) keine subatomaren Energiequellen befinden: $\varepsilon = 0$. Ferner vernachlässigen wir die Viskosität und Abweichungen von der adiabatischen Bewegung:

$$f_r = 0; \qquad -\operatorname{div} \mathfrak{F} = \varrho \frac{dQ}{dt} = 0, \qquad \gamma = \frac{c_p}{c_v}.$$

Da für eine radiale Bewegung außerdem gilt

$$\operatorname{div} = \frac{\partial}{\partial r} + \frac{2}{r},$$

erhalten wir die vereinfachte Gleichung

$$\frac{d^2 v}{dt^2} - \frac{1}{\varrho}\frac{\partial}{\partial r}\left[\gamma p \left(\frac{\partial v}{\partial r} + \frac{2\,v}{r}\right)\right] - \frac{4\,g}{r} v = 0.$$

Diese Gleichung hat Lösungen von der Form

$$v = \hat{\xi}\,(r)\, e^{i\hat{\sigma} t} \qquad (\sigma \text{ reell oder komplex}).$$

Da

$$v = \frac{d\zeta}{dt}$$

oder bei Vernachlässigung von Gliedern höherer Ordnung

$$v = \frac{\partial \zeta}{\partial t}$$

ist

(ζ Verschiebung eines Massenteilchens aus seiner Gleichgewichtslage), wird auch

$$\zeta = \xi(r)\, e^{i\sigma t} \qquad (\sigma \text{ reell oder komplex}).$$

Nach Berücksichtigung von

$$v = i\,\sigma\, \xi(r)\, e^{i\sigma t} \qquad \text{und} \qquad \frac{d^2 v}{dt^2} = -\,i\,\sigma^3\, \xi(r)\, e^{i\sigma t} \qquad \text{sowie von}$$

$$\frac{\partial p}{\partial r} = -\,g\varrho \qquad \text{und} \qquad \frac{\gamma\, p}{\varrho} = c^2 = \frac{\gamma \mathfrak{R}\, T}{\mu}$$

erhalten wir als Differentialgleichung für ξ

$$(1)\qquad c^2\frac{d^2\xi}{dt^2}+\left(\frac{2c^2}{r}-\gamma g\right)\frac{\partial\xi}{\partial r}+\left(\frac{2c^2}{r^2}-\frac{2\gamma g}{r}+\frac{4g}{r}+\sigma^2\right)\xi=0.$$

Bei fester Wahl der Konstanten γ und σ ergibt sich hieraus eine zweiparametrige Schar von Lösungen

$$\xi(r)=f(A,B;r)\,,$$

also die Verschiebung $\qquad \zeta(r)=e^{iR(\sigma)t}\cdot F(A,B;r);$

für den Fall, daß $\mathrm{Im}(F)=0$ ist, sind dadurch stehende Wellen mit einer von r abhängigen Amplitude und der Periode

$$P=\frac{2\pi}{R(\sigma)}$$

gegeben.

β) Eine wesentliche Vereinfachung der Gleichung (1) ergibt sich, wenn ihre Koeffizienten von r unabhängig sind. Dies ist unter den folgenden Voraussetzungen der Fall:

$g\equiv\bar g=\mathrm{const}$
$c=\mathrm{const}$ (isotherme Atmosphäre)
Planparallelität der Schichtung.

Insgesamt vereinfacht sich die Differentialgleichung (1) zu

$$(2)\qquad c^2\frac{d^2\xi}{dr^2}-\gamma\bar g\frac{d\xi}{dr}+\sigma^2\xi=0 \qquad \text{(mit konstanten Koeffizienten)}$$

(dies entspricht Gleichung 2.45 in [115]).
Wir führen die folgenden Abkürzungen ein:

$$ik=\sqrt{q^2-\frac{\sigma^2}{c^2}}\,,\qquad q=\frac{1}{2}\gamma\bar g c^{-2},\qquad c'=\frac{\sigma}{k}\,.$$

σ sei reell.

Für die Verschiebung $\zeta=\xi(r)\,e^{i\sigma t}$ erhalten wir dann drei Lösungstypen ξ von (2):

1. k reell, $\sigma>c\,q$

$$\zeta=\left\{A\,e^{r(q+ik)}+B\,e^{r(q-ik)}\right\}e^{i\sigma t} \qquad \text{oder}$$

$$\zeta=e^{qr}\left\{A\,e^{i\sigma\left(t+\frac{r}{c'}\right)}+B\,e^{i\sigma\left(t-\frac{r}{c'}\right)}\right\}.$$

Dies sind fortschreitende ebene Wellen mit örtlich variabler Amplitude und der Phasengeschwindigkeit c'.

2. $k=i\varkappa$ imaginär, $\sigma<c\,q$

$$\zeta=\left\{A\,e^{r(q+\varkappa)}+B\,e^{r(q-\varkappa)}\right\}e^{i\sigma\left(t+\frac{n}{\nu}\right)} \qquad (n\ \text{ganz}).$$

Dies sind stehende Wellen mit örtlich variabler Amplitude und der Periode $P=\frac{1}{\nu}=$ $=\frac{2\pi}{\sigma}$

3. $k=0,\quad \sigma=c\,q=\sigma_G$,

$$\zeta=e^{qr}\,(A\,r+B)\,e^{i\sigma\left(t+\frac{n}{\nu}\right)}.$$

Dies sind ebenfalls stehende Wellen mit örtlich variabler Amplitude und der Periode $P_G = \frac{1}{\nu} = \frac{2\pi}{\sigma_G}$.

Die Grenzfrequenz zwischen stehenden und fortlaufenden Wellen ist

$$\sigma_G = c\,q = \frac{1}{2}\bar{g}\sqrt{\gamma\frac{\mu}{\Re T}}, \qquad P_G = \frac{2\pi}{\sigma_G}. \tag{3}$$

Das heißt: Wir haben

fortschreitende Wellen für $\sigma > \sigma_G$
und stehende Wellen für $\sigma \leq \sigma_G$.

γ) Betrachten wir nun als konkreten Fall die ausgedehnte Wasserstoff-Atmosphäre eines Hauptreihenveränderlichen. Da wir chromosphären-ähnliche Zustände annehmen, setzen wir

$$T = 5000 \text{ Grad K}; \quad \text{ferner } \mu = 1 \text{ g pro Mol}, \quad \gamma = \frac{5}{3}.$$

$\Re$ ist die Gaskonstante,

$$\Re = 8.3 \cdot 10^7 \text{ erg pro Grad und Mol.}$$

Ich ziehe nun die folgende Arbeitshypothese in Betracht (siehe [115]): Die Hauptursache des Lichtwechsels sind stehende Wellen, die zwar einander beeinflussen und ablösen, deren mittlere durch die Eigenschaften der Hülle gegebene Periode jedoch den Charakter des Lichtwechsels, ob rasch oder langsam, bestimmt.

Die Grenzperiode

$$P_G = \frac{2\pi}{\sigma_G} = \frac{4\pi}{\bar{g}}\sqrt{\frac{\Re T}{\gamma\mu}}$$

ist im wesentlichen proportional $1/\bar{g}$: je größer $\bar{g}$, umso raschere Helligkeitsänderungen sind möglich.

Von welcher Größe ist nun P_G im angegebenen $\bar{g}$-Bereich? Spalte 3 in der Tabelle M gibt darüber Aufschluß:

Tabelle M

Daten isothermer Hüllen

$\bar{g}$	$\bar{g}/g_{Ch}$	P_G	lg H (cm)	lg n (cm^{-2})	lg $n_{0,2}$ (cm^{-2})
270 cm s^{-2}	0.01	0^d3	9.2	26	18
27	0.001	3	10.2	27	19
3	0.0001	30	11.2	28	20

(g_{Ch} ist die Schwerebeschleunigung in der Sonnenchromosphäre)

Als vierte Spalte haben wir die Äquivalenthöhe

$$H = \frac{\Re T}{\bar{g}\mu}$$

verzeichnet. Bekanntlich schreibt sich die Zahl n der Atome über 1 cm^2 Grundfläche der (isothermen) Hülle als

$$n = N(0)\int_0^\infty e^{-\frac{h}{H}}\,dh = N(0)\cdot H,$$

wo $N(0)$ die Dichte der Atome nahe dieser Grundfläche ($h = 0$) ist.

Wir betrachten $N(0)$ als von Stern zu Stern nicht stark veränderlich, eine Annahme, die durch den Zwergcharakter der Objekte nahegelegt wird. Dann wird

$$n \sim H;$$

die Zahl der Atome pro cm² Säule ist proportional der Äquivalenthöhe. Für einen mittleren T-Tauri-Stern wollen wir etwa

$$n_{0,2} = 10^{19}\ \text{cm}^{-2}$$

ansetzen (Abschnitt IVb γ), so daß

$$N_{0,2}(0) = \frac{n_{0,2}}{H} = 7 \cdot 10^8\ \text{cm}^{-3}$$

und

$$N_{0,1}(0) = 10^8 \cdot N_{0,2}(0) = 7 \cdot 10^{16}\ \text{cm}^{-3}$$

zu erwarten ist. Bezüglich des Faktors 10^8 siehe [116], S. 75.

Es ist

$$n_{0,1} = N_{0,1}(0) \cdot H$$

bei unseren Veränderlichen bis zu 5 Zehnerpotenzen größer als für die Sonnenchromosphäre ([117], S. 133; $\lg \int N\, dh$ für $h = 0$): Die fünfte Spalte der Tabelle M gibt die Gesamtzahl n der Atome pro cm² Säule; bei der angenommenen Temperatur, und da Wasserstoff vorherrscht, ist

$$n \sim n_{0,1}\ .$$

In der sechsten Spalte endlich ist die vorgegebene Zahl $n_{0,2}$ der in n enthaltenen zweiquantigen Wasserstoffatome aufgeführt.

Bevor wir kurz auf eine Deutung der Werte für $\bar{g}$ eingehen, wollen wir einen Vergleich der bisher aus unseren Hypothesen abgeleiteten Ergebnisse mit den am Ende des Abschnitts IX bβ) zusammengefaßten Beobachtungsbefunden anstellen.

In unserer Modell-Hülle (isotherme Wasserstoffhülle mit $T = 5000$ Grad K) sind kurze stehende Wellen, das heißt merkliche Helligkeitsschwankungen innerhalb weniger Stunden, nur möglich, wenn $\bar{g}$ groß genug, also H, n und $n_{0,2}$ klein genug sind. Kleines $n_{0,2}$ bedeutet geringe Intensität des kurzwelligen Kontinuums und der Balmeremissionen. Je kleiner $\bar{g}$ wird, umso mehr vergrößern sich P_G und $n_{0,2}$: langsamerer Lichtwechsel, stärkere Emission in H-Linien und -Kontinuum. Es ist nun interessant, daß diese Folgerungen aus der Theorie in völligem Einklang stehen zu den in Abschnitt IXbβ) mitgeteilten Beobachtungen, die eben besagen, daß aktiver Lichtwechsel mit einer wenig auffälligen Emission verknüpft ist und umgekehrt.

Die Frage nach der Ursache für die Erniedrigung der Schwerebeschleunigung relativ zu derjenigen an der Sternoberfläche ist gleichbedeutend mit der Frage nach dem Mechanismus, der die Hülle aufrecht erhält. Formal gesehen bewirkt dieser Mechanismus eine Reduktion des g-Wertes von einem Wert, der dem an der Sonnenoberfläche nicht unähnlich sein wird, auf eine Größe, die in der Tabelle M das 10^{-2}- bis 10^{-4}-fache des ersteren beträgt. Diese Verringerung verstehen wir durch die Annahme einer in der Hülle nach oben gerichteten Kraft, die die Aufblähung dieser Hülle und schließlich deren Aufrechterhaltung bewirkt.

Es ist nicht ausgeschlossen, daß die Energie für diesen Vorgang wie auch für die zusätzliche Emission (in Linien und Kontinuum) durch die oben für $\sigma > \sigma_G$ gefundenen fortschreitenden Wellen nach außen transportiert wird. Vor allem ist beachtenswert, daß die Amplitude der fortlaufenden Wellen proportional e^{qr} ist, also keineswegs klein bleibt, wie es an sich bei der Ableitung der an die Spitze gestellten Differentialgleichung ([115], Gleichung 2.20) (siehe oben, Abschnitt c α) vorausgesetzt war. „Es ist möglich, daß solche Wellen sich zu Stoßwellen entwickeln müssen“ ([115], S. 94).

d) Verhalten der atmosphärischen Radialgeschwindigkeiten

Demnach wäre zu erwarten, daß bei den Veränderlichen mit starker zusätzlicher Emission die für diese Emission zuständigen Schichten in bezug auf die absorbierende Materie im Mittel eine aufsteigende Bewegung aufweisen, wogegen die Verhältnisse bei den Objekten mit geringerer Emission und erst recht bei den Absorptionsliniensternen gerade umgekehrt sein müßten.

Je größer nämlich die in den fortlaufenden Wellen zur Verfügung stehende Energie ist, umso größer wird einerseits die Geschwindigkeit der radial abströmenden emittierenden Materie sein und umso stärker die Dicke der von den Emissionsprozessen erfaßten Schicht. Dabei beachten wir, daß das Stratum der Absorptionskomponenten der Linien nach Joy [49] offenbar über demjenigen der Emission liegt: Die Energie der fortlaufenden Wellen wird natürlich unterwegs aufgezehrt. Die Absorptionslinien-Objekte (Abschnitte VII c und VIII b) wären als Extremform anzusehen, indem bei diesen Sternen eine Anregung von Emissionen, wenn überhaupt, nur in den tieferen, relativ langsam expandierenden Schichten erfolgt.

Eine Stütze dieser Vorstellungen sehen wir in den Messungen der Radialgeschwindigkeiten (RG).

Aus den Beobachtungen von Götz [112] an den veränderlichen Sternen geringer Leuchtkraft im Taurus erhalten wir die folgende Zusammenfassung bezüglich der Radialgeschwindigkeiten der Emissions- relativ zu denen der Absorptionskomponenten der Spektrallinien [50]:

Tabelle N

Zusätzl. Kont.	Farbindex	$\overline{\Delta RG}$ Em.—Abs.	Sterne
ja	klein	—32 km/s	Tau: CY, DD, BP, DE, DF, DH, DP, S 5339.
nein	größer	+19 km/s	Tau: CW, CX, CZ, DI, SVS 1073

Als Argument wurde das Vorhandensein des zusätzlichen kurzwelligen Kontinuums (ob „ja“ oder „nein“) benutzt; Grundform des Lichtwechsels: c.

Weiterhin ziehen wir die Radialgeschwindigkeitsmessungen Joys [49] an 7 Sternen der Formen a, c und b und die Beobachtungen an AB Aur (Literatur siehe [127]) heran:

Tabelle O

Form des Lichtwechsels	$\overline{\Delta RG}$ Em.—Abs.	Sterne
a, c	—26 km/s	Aur: RW, UY; Tau: T, RY, UX, XZ
b_2	> 0	R Mon, AB Aur

(Bei zwei weiteren Objekten der Formen a und c, S CrA und RU Lup, ist die Verschiebung der Absorptionen nicht gemessen; die Emissionen ergeben negative RG).

In den Tabellen N und O finden wir also in der Tat eine Bestätigung der Vermutung, daß in der Folge der Lichtwechselformen a+c (starke Emiss.) — a+c (schwache Emiss.) — b (Absorpt.) die Aufstiegsgeschwindigkeit der Emissions- im Vergleich zu der der Absorptionskomponenten der Linien im Mittel stark abnimmt. Selbstverständlich ist jedoch das zugrunde liegende Beobachtungsmaterial viel zu geringfügig, als daß die eben angestellten Überlegungen definitiven Charakter haben könnten.

Leider ist die folgende weitergehende Frage wegen des völligen Fehlens geeigneter spektrographischer Beobachtungen gegenwärtig überhaupt nicht zu beantworten:

Sind etwa die Absorptionsprozesse bei den Sternen der Form b (helles Normallicht) mit den charakteristischen Einsenkungen der Lichtkurve analog verknüpft wie die Emissionsprozesse mit der photometrischen Aktivität bei den Ge- oder Ke-Veränderlichen? Es wäre insbesondere wichtig zu wissen, welches Verhalten der Radialgeschwindigkeiten und der Linienkonturen eintritt, wenn die Helligkeit eines Objektes dieser Art zum Minimum hinabsteigt, und im Minimum selbst, ganz abgesehen von einer Untersuchung der spektralen Änderungen überhaupt.

Beachtenswert ist in diesem Zusammenhang das Modell Herbigs [128] von dem R-Coronae-borealis-Stern V348 Sgr, wo das Aufblähen einer zunächst undurchsichtigen Hülle durch Oberflächenvergrößerung einen Helligkeitsanstieg des Objekts ergibt, bis bei weiterer Ausdehnung die Helligkeit wieder abnimmt und der eigentliche Stern die Hülle durchscheint.

Zusammenfassung: Es wurde der Versuch unternommen, die bekannte Vielfalt der Formen des Lichtwechsels unregelmäßig veränderlicher Sterne geringer Leuchtkraft nach einem einheitlichen Prinzip auf Vorgänge in der mehr oder weniger ausgedehnten Atmosphäre dieser Sterne zurückzuführen. Die Proportionen der Hülle sind verantwortlich für die Art der Helligkeitsschwankungen und insbesondere dafür, daß zwar Hauptreihenveränderliche eines langsamen, Riesensterne aber keines raschen Lichtwechsels fähig sind.

C. SCHLUSSBEMERKUNGEN

In den vorangegangenen zehn Kapiteln haben wir einen Überblick über einige wichtige Eigenschaften der RW-Aurigae-Sterne gegeben, über die Charakteristika des Lichtwechsels, über Leuchtkraft, Spektrum, räumliche und kinematische Eigenschaften, über die Zusammenhänge zwischen diesen Größen und zuletzt über gewissse Modellvorstellungen.

Es scheint tatsächlich so, als ob sämtliche hier behandelten irregulären Veränderlichen, deren Bildpunkte im Hertzsprung-Russell-Diagramm nahe (meist etwas über) der Hauptreihe liegen, eine einheitliche Gruppe bilden, einheitlich in physikalischer, vor allem aber in kosmogonischer Hinsicht.

Dies letztere gilt hauptsächlich auch angesichts der Arbeiten von HENYEY und Mitarbeitern [118], welche durch Betrachtung „früher Phasen in der Sternentwicklung", nämlich durch Berechnung kontrahierender Ausgangskonfigurationen, gezeigt haben, daß bei plausibler Vorgabe der üblichen Parameter (Masse, Gehalt an Wasserstoff und schweren Elementen) das Gebiet rechts der Hauptreihe von „eben entstandenen" Sternen besetzt ist. Die Zeit, die diese Objekte im Zustand der Gravitationskontraktion zubringen, bis die Energieproduktion auf der Hauptreihe durch Kernprozesse einsetzt, beträgt 10^6 bis einige 10^7 Jahre, ist also klein im Vergleich zu der Verweilzeit auf der Hauptreihe oder dem Alter der Galaxis. Es dürfte kein Zweifel daran bestehen, daß ein Teil dieser von HENYEY modellmäßig durchgerechneten Objekte mit den Hauptreihenveränderlichen identisch ist. Auf die exakte Begründung einer solchen Annahme haben wir in vorliegender Arbeit nicht einzugehen; das geringe Alter der T-Assoziationen in M 42 [26] und NGC 2264 [119] sowie die Vergesellschaftung der RW-Aurigae-Sterne mit interstellarer Materie und den ebenfalls jungen OB-Sternen (Abschnitt V) deuten in diese Richtung.

Setzen wir also einmal ein durchschnittliches Alter der RW-Aurigae-Sterne von

$$\Delta t = 10^7 \text{ a}$$

voraus. Der Raum, den die meisten der heute bekannten Hauptreihenveränderlichen einnehmen, ist ein flacher Zylinder, dessen Höhe etwa 200 pc und dessen Durchmesser etwa 800 pc beträgt (gegeben durch die Entfernung der an der Sphäre einander nahe gegenüber liegenden Assoziationen ϱ Oph und NGC 2264 voneinander), dessen Volumen also mit

$$V = 400^2 \text{ pc}^2 \cdot \pi \cdot 200 \text{ pc} = 10^8 \text{ pc}^3$$

anzugeben ist. Die Mindestzahl der RW-Aurigae-Sterne in diesem Raumteil schätze ich auf

$$N = 10^3.$$

Unter Benutzung der Sternentstehungsrate $f(t)$, wie sie SCHMIDT [129] angibt, und unter der Annahme eines Alters der Galaxis von

$$T = 10^{10}\ \mathrm{a}$$

erhalten wir als Anzahl der seit Bestehen des Milchstraßensystems pro pc^3 gebildeten Veränderlichen

$$\varrho_{\mathrm{var.}} = \frac{T}{\Delta t} \cdot \frac{N}{V} \cdot \frac{1}{f(1)} \cdot \int_0^1 f(t) dt = 0.05\ \mathrm{pc}^{-3}.$$

Dieser Wert ist fast identisch mit der gegenwärtigen Sterndichte in der Sonnenumgebung ([4], Tabelle 47) ([117], S. 215),

$$\varrho = 0{,}07\ \mathrm{pc}^{-3}.$$

Die Geringfügigkeit des Unterschiedes zwischen $\varrho_{\mathrm{var.}}$ und ϱ ist natürlich rein zufällig. Trotzdem möchte ich annehmen, daß der größenordnungsmäßigen Übereinstimmung dieser beiden Zahlen eine reelle Bedeutung zukommt.

Rein zahlenmäßig gesehen ergibt sich also — vorsichtig ausgedrückt — nicht unbedingt ein Widerspruch zu der Annahme, daß die hier behandelten veränderlichen Sterne geringer Leuchtkraft mit den „eben entstandenen“ Sternen, die sich „auf dem Wege zur Hauptreihe“ befinden, identisch sind, bzw. daß ein merklicher Bruchteil der heute in der weiteren Sonnenumgebung existierenden Sterne das Stadium der irregulären Veränderlichkeit des erweiterten RW-Aurigae-Typus durchlaufen hat.

Unter diesen freilich etwas hypothetischen Gesichtspunkten betrachtet, gewinnt das Studium der so lange vernachlässigten irregulären Veränderlichen geringer Leuchtkraft heute eine Bedeutung, an die noch vor weniger als 20 Jahren nicht im geringsten zu denken war.

Es ist mir eine angenehme Pflicht, meinen verehrten Lehrern, den Herren Professoren C. HOFFMEISTER und H. LAMBRECHT, für ihr stetes Interesse am Fortgang dieser Arbeit meinen Dank auszusprechen.

Ferner danke ich den Herren Dr. G. H. HERBIG, Lick-Observatory (USA), A. F. JONES, Timaru (Neu-Seeland), Dr. F. LENOUVEL, Pic du Midi (Frankreich), und meinen Kollegen an der Sternwarte Sonneberg für spezielle Beobachtungen oder Hilfe bei der Aufklärung schwieriger Fälle.

LITERATURVERZEICHNIS

[1] LUDENDORFF, H.: Handbuch d. Aph. VI, 244.
[2] KUKARKIN, B. W., PARENAGO, P. P., EFREMOW, J. I., CHOLOPOW, P. N.: Generalkatalog Veränderlicher Sterne, Moskau 1948 (GCVS).
[3] KUKARKIN, B. W., PARENAGO, P. P., EFREMOW, J. I., CHOLOPOW, P. N.: Erste bis Achte Ergänzung zur ersten Ausgabe des GCVS.
[4] BECKER, W.: Sterne und Sternsysteme, Dresden und Leipzig 1950.
[5] HOFFMEISTER, C.: AN **278**, 24.
[6] HOFFMEISTER, C. und Mitarbeiter: Die veränderlichen Sterne der nördlichen Milchstraße, I bis VIII in KVBB und VSS.
[7] KUKARKIN, B. W., PARENAGO, P. P., EFREMOW, J. I., CHOLOPOW, P. N.: Katalog der der Veränderlichkeit verdächtigen Sterne, Moskau 1951.
[8] WENZEL, W.: Die Sterne **33**, 27.
[8a] HERBIG, G. H.: Briefliche Mitteilungen über Spektren, siehe auch [8].
[9] WENZEL, W.: MVS 223—224.
[10] HOFFMEISTER, C.: VSS **3**, Heft 1.
[11] WENZEL, W.: MVS 338—339.
[12] GÖTZ, W.: Private Mitteilung.
[13] FRIEDEMANN, CH.: MVS 215.
[14] KUROTSCHKIN, N. E.: VS **8**, Heft 5.
[15] PAYNE-GAPOSCHKIN, C.: HA **118**, Heft 19.
[16] JOY, A.: ApJ **120**, 377.
[17] HOFFMEISTER, C.: VSS **3**, Heft 3.
[18] ELVEY, C. T. und BABCOCK, H. W.: ApJ **97**, 424.
[19] WENZEL, W.: MVS 203; 205.
[20] BURBIDGE, E. M. und BURBIDGE, G. R.: ApJ **118**, Heft 2.
[21] PRAGER, R. und SCHNELLER, H.: Geschichte und Literatur der veränderlichen Sterne, 2. Ausgabe, I—IV, Berlin 1934—1957.
[22] CHOLOPOW, P. N.: VS **10**, 390.
[23] WENZEL, W.: MVS 341—342.
[24] AHNERT, P.: Budapest Mitt. 42,29.
LOSINSKIJ, A. M.: VS **7**, 76.
[25] HOFFMEISTER, C.: AN **274**, 232.
[26] PARENAGO, P. P.: Moskau-Sternberg Trudi **25**.
[27] OSKANJAN, V.: IAU Circ. 1376.
[28] LENOUVEL, F.: Briefliche Mitteilung.
[29] LENOUVEL, F. und FLOGÈRE, C.: Journ. des Obs. **40**, 37.
[30] WESTON, E. B. und ALLER, L. H.: Les particules solides dans les astres, Liège 1955.
[31] BRUN, A.: Journ. des Obs. **39**, 46.
[32] HENIZE, K. G.: AJ **54**, 89 = Mc Cormick Publ. XI, Heft 2.
[33] LENOUVEL, F.: CR **237**, 1215.
[34] JOY, A. H.: ApJ **124**, 317.
[35] WALKER, M. F.: PASP **66**, 230.

[36] CRAWFORD, J. A. und KRAFT, R. P.: ApJ 123, 44.
[37] WALKER, M. F.: ApJ 123, 68.
[38] HERBIG, G. H.: IAU Transactions 8 (1952), S. 805.
[39] PFAU, W.: MVS 214.
[40] GESSNER, H. und WENZEL, W.: MVS 358.
[41] BOYD, C. D.: HB 904.
[42] HERBIG, G. H.: JRAS Canada 46, 222.
[43] GREENSTEIN, J. L. und STRUVE, O.: PASP 58, 366.
[44] STRUVE, O.: Stellar Evolution, Princeton 1950.
[45] PARENAGO, P. P.: Abh. des 2. Kongresses über Fragen der Kosmogonie, Moskau 1953.
[46] WENZEL, W.: Die Sterne 31, 22.
[47] WALKER, M. F.: Sky and Telescope 13, 426.
[48] WENZEL, W.: Die Sterne 31, 198.
[49] JOY, A. H.: ApJ 102, 168.
[50] JOY, A. H.: ApJ 110, 424.
[51] BÖHM, K. H.: ZfAph 43, 245.
[52] HUNGER, K. und KRON, G. E.: Liège Coll. in 8°, 396,283.
[53] HILTNER, W. A. und IRIARTE, B.: ApJ 127, 510.
[54] MEURERS, J.: ZfAph 44, 203.
[55] HOFFMEISTER, C.: Mündliche Mitteilung.
[56] HARO, G., IRIARTE, B., CHAVIRA, E.: Tonanzintla Bol. 8.
[57] CHOLOPOW, P. N.: VS 8, Heft 2.
[58] GÖTZ, W.: Mündliche Mitteilung.
[59] HERBIG, G. H.: ApJ 119, 483.
[60] WENZEL, W.: MVS 190; 193; 212.
[61] WALKER, M. F.: ApJ Supp 23.
[62] HERBIG, G. H.: PASP 66, 19.
[63] HARRIS, D. L., MORGAN, W. W., ROMAN, N. G.: ApJ 119, 622.
[64] HARO, G., MORENO, A.: Tonanzintla Bol. 7.
[65] PARENAGO, P. P.: Russ. AJ 30, 3.
[66] STRUVE, O. und RUDKJÖBING, M.: ApJ 109, 92.
[67] ADOLFSSON, T.: Arkiv f. Astron. 1, Heft 34.
[68] FLORJA, N. F.: Moskau-Sternberg Publ. 16, 3.
[69] CEDERBLAD, S.: Lund Medd. II, Heft 119.
[70] BOK, B. J.: AJ 60, 146.
[71] HENIZE, K. G.: ApJ 119, 459.
[72] HERBIG, G. H.: AJ 60, 283.
[73] WESTON, E. D.: AJ 58, 48.
[74] ROSINO, L.: Bologna Publ. 6, Heft 3.
[75] GREENSTEIN, J. L.: ApJ 107, 376.
[76] WEAVER, H.: AJ 58, 177.
[77] SIEDEL, TH.: MVS 336.
[78] PARENAGO, P. P.: VS 6, 215.
[79] WENZEL, W.: MVS 374—375.
[80] BEČVAR, A.: Atlas Coeli 1950.0, Prag 1956.
[81] SVESTKA, Z.: BAČ 5, Heft 1.
[82] HARO, G. und CHAVIRA, E.: Tonanzintla Bol. 12.
[83] HARO, G. und TERRAZAS, L. R.: Tonanzintla Bol. 10.
[84] HARO, G.: Tonanzintla Bol. 11.
[85] RICHTER, G.: Briefliche Mitteilung.
[86] PETIT, M.: Ciel et Terre 70, 401.
[87] AMBARZUMIAN, V. A.: Comm. for the Symp. on Non-Stable Stars (IAU-Tagung 1955).
[88] WENZEL, W.: MVS 203; 205.

[89] ROMAN, N. G.: ApJ 117, 467.
[90] WILSON, R. E.: General Cat. of Stellar Radial Velocities, Washington 1953.
[91] MERRILL, P. W. und BURWELL, C. G.: ApJ 78, 87; ApJ 98, 153; ApJ 110, 389.
[92] GREENSTEIN, J. L.: AJ 62, 16.
[93] URANOWA, T. A.: VS 8, 192.
[94] KÖNIG, A.: Handbuch d. Astrophysik I, Teil 1, 502.
[95] PARENAGO, P. P.: Russ. AJ 23, 65.
[96] KÖNIG, A.: Mündliche Mitteilung.
[97] HILL, S. N. und PEARCE, J. A.: Victoria Publ. 4, Heft 4.
[98] TRUMPLER, R. J. und WEAVER, H. F.: Statistical Astronomy, Berkeley 1953.
[99] DELHAYE, J.: CR 237, 294.
[100] SMAK, J.: Warschau Repr. 56.
[101] BLAAUW, A. und MORGAN, W.: ApJ 119, 625.
[102] WENZEL, W.: MVS 219—220.
[103] BRUN, A. und PETIT, M.: Lyon BAF 12.
[104] MICZAIKA, G. B. und BECKER, U.: Heidelberg, Veröff. 15, Heft 8.
[105] WENZEL, W.: MVS 217.
[106] HUBBLE, E.: AN 211, 191.
[107] WOLF, M.: AN 221, 373.
[108] VAN MAANEN, A.: Mt. Wilson Contr. 405.
[109] HARO, G. und HERBIG, G.: Tonanzintla Bol. 12.
[110] JOY, A. und WILSON, R. E.: ApJ 109, 231.
[111] LINDER, A.: Statistische Methoden, Basel 1957.
[112] GÖTZ, W.: Mündliche Mitteilung.
[113] ALLER, L. H.: Victoria Publ. 9, Heft 11.
[114] WENZEL, W.: Die Sterne 31, 69 (Referat).
[115] ROSSELAND, S.: The Pulsation Theory of Variable Stars, Oxford 1949.
[116] ALLER, L. H.: Astrophysics I, New York 1953.
[117] ALLEN, C. W.: Astrophysical Quantities, London 1955.
[118] HENYEY, L. G., LE LEVIER, R. und LEVÉE, H. D.: PASP 67, 154.
[119] BLAAUW, A.: Briefliche Mitteilung durch Herrn Dr. Böhm, Kiel.
[120] HERBIG, G. H.: ApJ 131, 636.
[121] WENZEL, W.: MVS 494—495.
[122] GREENSTEIN, J. L. und ALLER, L. H.: PASP 59, 139.
[123] HOFFMEISTER, C.: Mündliche Mitteilung.
[124] WENZEL, W.: MVS 547—548.
[125] ARTIUCHINA, N. M.: Russ. AJ 36, 832.
[126] GLIESE, W.: ZfAph 39, 1.
[127] SANFORD, R. F. und MERRILL, P. W.: PASP 70, 602.
[128] HERBIG, G. H.: ApJ 127, 310.
[129] SCHMIDT, M.: A d'Aph Supp 8.

In der gleichen Schriftenreihe erscheint im Herbst 1961:

Band V, Heft 2

WOLDEMAR GÖTZ

Photographische Untersuchungen an RW-Aurigae-Sternen in den Dunkelgebieten von Taurus und Orion

Etwa 88 Seiten — 10 Abbildungen — 60 Tabellen — gr. 8° — etwa DM 13,—

Sterne entstehen wahrscheinlich in interstellaren Gas- und Staubwolken. Es sind dies Sterne mit großer Dichte und relativ niedrigen Temperaturen. Das Verhalten und die Eigenschaften dieser Sterngruppe sind noch wenig bekannt. Der Verfasser untersucht in dieser Arbeit junge Sterne in den Dunkelgebieten von Taurus und Orion. Er prüft ihre Veränderlichkeit und bestimmt die Art und Eigenschaften ihres Lichtwechsels. Ferner untersucht er ihr Verhalten auf in unterschiedlichen Farbbereichen empfindlichen Platten in Abhängigkeit vom bekannten Spektraltyp. Von besonderer Bedeutung ist eine Beziehung zwischen der Intensität des von den Sternen ausgestrahlten roten, von der Wasserstofflinie H_α herrührenden Lichtes und der Anzahl der diese Objekte umgebenden Feldsterne. Sie weist darauf hin, daß die jungen Sterne noch mit den Dunkelwolken in Verbindung stehen. Ihr Verhalten wird demnach nicht nur durch die Natur der Sterne selbst, sondern auch durch die Materie der Dunkelgebiete bestimmt. Die untersuchten Sterne beider Gebiete zeigen gleiches Verhalten und gleiche Eigenschaften, so daß darin allgemeine Merkmale des Sterntyps vermutet werden können.

Bestellungen durch eine Buchhandlung erbeten

A K A D E M I E - V E R L A G · B E R L I N

FSC
www.fsc.org
MIX
Papier | Fördert gute Waldnutzung
FSC® C083411

Kolibri 360 GmbH
Ferdinand-Jühlke-Straße 7
99095 Erfurt, Deutschland
produktsicherheit@kolibri360.de